常见昆虫野外识别手册

主编 张巍巍

重庆大学出版社

图书在版编目（CIP）数据

常见昆虫野外识别手册/张巍巍主编.—重庆：重庆大学出版社，2007.3（2023.7重印）

（好奇心书系）

ISBN 978-7-5624-3931-8

Ⅰ.常…　Ⅱ.张…　Ⅲ.昆虫—识别—手册　Ⅳ.Q96–62

中国版本图书馆CIP数据核字（2006）第009198号

常见昆虫野外识别手册

主编：张巍巍

策划：鹿角文化工作室

书系主编：李元胜

编著者：张巍巍　唐　毅　杨再华　张争光

摄影：李元胜　郭　宪　任　川　周纯国　张巍巍　一　念

责任编辑：梁　涛　　装帧设计：程　晨

责任校对：谢　芳　　责任印制：赵　晟

*

重庆大学出版社出版发行

出版人：饶帮华

社址：重庆市沙坪坝区大学城西路21号

邮编：401331

电话：（023）88617190　88617185（中小学）

传真：（023）88617186　88617166

网址：http://www.cqup.com.cn

邮箱：fxk@cqup.com.cn（营销中心）

全国新华书店经销

重庆长虹印务有限公司印刷

*

开本：787mm×1092mm　1/32　印张：5.75　字数：194千

2007年3月第1版　2023年7月第18次印刷

印数：67 001—72 000

ISBN 978-7-5624-3931-8　定价：36.00元

前言 · FOREWORD

每逢儿童节，我都要开车带着女儿和几个朋友的孩子一起到野外，捕蝴蝶、捉甲虫、观察夜间昆虫的活动……看着他们对探索昆虫奥秘的那份激情，我仿佛又回到了自己的童年时代。

但这种机会太少了，因为孩子们比我们更忙！

现在的孩子们在学习音乐、美术、电脑的同时，对大自然越来越陌生了。唤起青少年对昆虫以及大自然的热爱，是我们编写这本小册子的主要目的之一。

此外，数码相机以其低运行成本的优势，迅速普及开来，“玩摄影”已经不再是少数人的专利。数码相机超强的微距功能，又使得很多的年轻人甚至中老年人“转行”专攻昆虫摄影，在我的周围就有着这样一支“虫虫特工队”。

然而，最令昆虫爱好者头疼的是如何识别不同的昆虫种类。毕竟，昆虫是最庞大的动物类群，全世界已发现的昆虫种类就达100万种以上，而中国的已知种类也有将近8万种之多。许许多多未知的种类还有待人们去发现和认识。

在野外正确识别每一只见到的昆虫是非常困难的，即便是昆虫分类学家也是如此。对于业余的昆虫爱好者来说，更没有这个必要。其实，能够在野外轻易识别一些常见的种类，并把见到的大多数种类分到“科”，甚至“目”，已经是一件非常“了不起”的事情！

为此，我们编写了这本小册子。区区五百种昆虫，只是我们平常在野外所能见到昆虫种类很小的一部分，对于任何昆虫爱好者来说都是远远不能满足的。但是，通过这些常见的昆虫，可以分辨出更多的近缘种类，达到野外识虫的目的。这也是我们在编写的过程中，尽量注意收录更多一些昆虫类群的初衷。

书中的全部照片都是在野外的昆虫生活环境中拍摄而成，是几位昆虫摄影爱好者数年跋山涉水，辛勤劳动的结晶。

由于昆虫种类繁多，我们的认识能力有限，书中的问题与错误在所难免。我们恳请广大专家、学者以及昆虫爱好者予以批评指正。

张巍巍

2007年1月

目录 CONTENTS

Insects

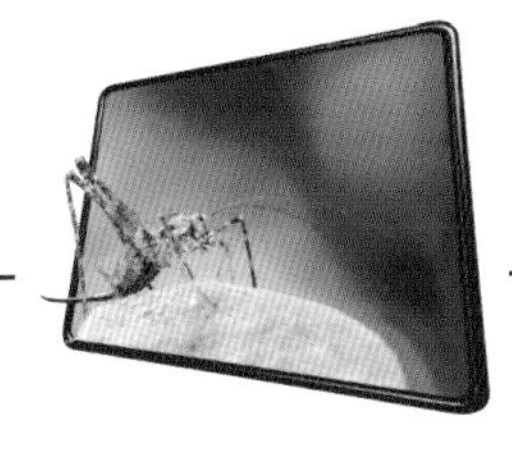

昆虫入门知识

一、什么是昆虫

究竟什么是昆虫？很多人都有这样的疑惑。中国古代把“虫”这个字赋予了非常广泛的含义。当然，现在已经不会再有人把老虎称做“大虫”，把蛇称做“长虫”了，但准确的昆虫定义却很少有人说得清楚。

从动物分类学的角度来说，昆虫属于节肢动物门昆虫纲，其主要特征可以归纳为以下几点：

1.身体分为头、胸、腹三个部分；

2.头部为昆虫的感觉和取食中心，具有口器和一对触角，通常还有复眼和单眼；

3.胸部是运动中心，具有三对足，通常还有两对翅；

4.腹部是生殖中心，包含生殖系统和大部分内脏。

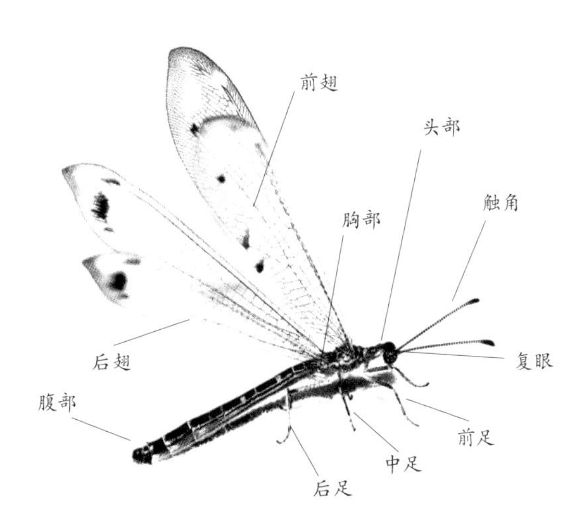

昆虫的近亲:

①蜈蚣（唇足纲）
②蜘蛛（蛛形纲）
③虾（甲壳纲）
④马陆（倍足纲）
⑤鞭蝎（尾鞭目）

二、昆虫的头部

昆虫的头部着生有主要的感觉器官和取食器官，是昆虫的感觉和取食中心。头部的感觉器官包括触角、复眼和单眼；取食器官则为口器。

（一）口器

昆虫的食性多种多样，不同的昆虫的食物种类和取食方式都有很大的差别，因此口器也分化为很多种类型。

①螽斯的咀嚼式口器
②蝴蝶的虹吸式口器
③食虫虻的刺吸式口器
④食蚜蝇的舐吸式口器
⑤蜜蜂的嚼吸式口器

（二）触角

触角通常着生在昆虫额头的位置，其形状与长短变化非常大；有些昆虫（如蝉、蜻蜓等）触角极短，而有些昆虫（如天牛、螽斯等）触角可长达身体的数倍。

蝗虫的线状触角

萤的锯齿状触角

褐蛉的念珠状触角

栉齿蛉的栉齿状触角

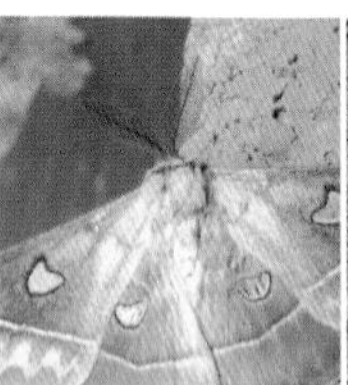

天蚕蛾的羽状触角

蝶角蛉的球杆状触角

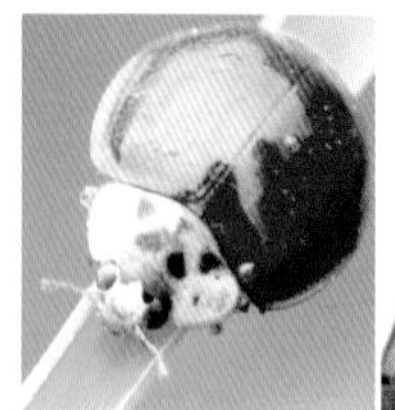

瓢虫的锤状触角

金龟子的鳃片状触角

蚂蚁的膝状触角

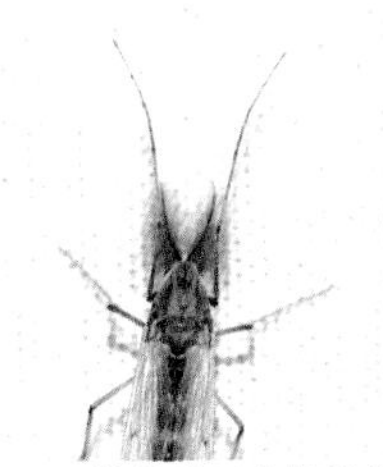
摇蚊的环毛状触角

蝉的刚毛状触角

蝇类的具芒触角

三、昆虫的胸部

昆虫的胸部由3个体节组成，依次被称为前胸、中胸和后胸。大多数的昆虫每一个胸节上都生有一对足；同样，多数昆虫在中胸和后胸上还有一对翅。

（一）胸足

胸部3对足分别被称为前足、中足和后足；成虫的胸足分为6节，分别称为：基节、转节、腿节、胫节、跗节、前跗节（爪）。

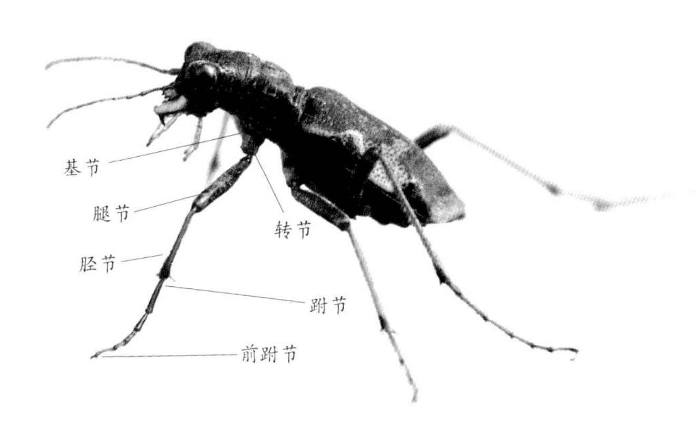

在各个类型的昆虫种类中，由于受到生活环境的影响，足的功能也有相应的变化，使得足的形态和构造发生了多样化的演变。

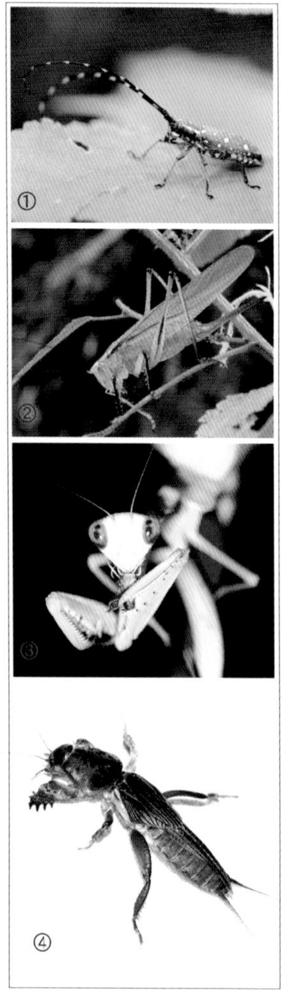

①天牛的步行足
②螽斯的跳跃足
③螳螂的捕捉足
④蝼蛄的开掘足
⑤蜜蜂的携粉足
⑥仰泳蝽的游泳足

（二）翅

在无脊椎动物当中，只有昆虫具有翅；昆虫也是整个动物界中最早获得飞行能力的动物。通过飞行，使得昆虫在觅食、寻偶、避敌、扩大分布等方面有了相当强的竞争力。这也是昆虫种群如此繁荣的一个重要方面。不同种类的昆虫，也有着各种各样的翅。

①螽斯的前翅革质，有翅脉，称为复翅

②椿象的前翅一半革质一半膜质，称为半鞘翅

③蛾类的翅覆有鳞片，称为鳞翅

④姬蜂的翅膜质，为膜翅

⑤甲虫的前翅全部骨化，称为鞘翅

⑥石蛾的翅生有很多毛，称为毛翅

⑦蚊子的后翅退化成平衡棒

⑦

四、昆虫的腹部

昆虫成虫的腹部里面包藏着主要的内部器官；腹部外侧没有运动器官，只有与生殖有关的外生殖器和尾须等。

（一）外生殖器

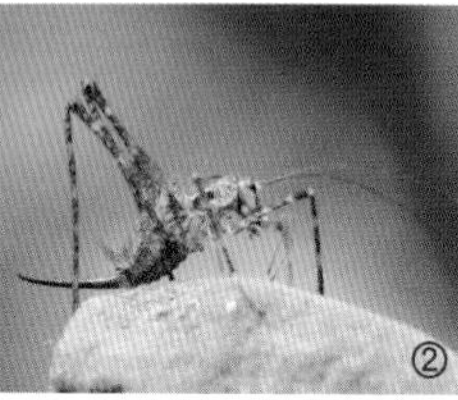

①蝎蛉特化成球状的雄性外生殖器
②灶马马刀状的产卵器
③姬蜂针管状的产卵器

（二）尾须与尾铗

①蟋蟀的尾须
②蜉蝣的尾须和中尾丝
③蠼螋的尾夹由尾须特化而来

昆虫的一生

昆虫的生长要经过一系列的变化过程，人们常说的“金蝉脱壳”、“蝶变”就正好说明了这一变化。昆虫的变态大致可以分为两大类型，即不完全变态（也称渐变态）和完全变态。

不完全变态：分为卵、若虫、成虫 3 个时期。

螳螂的一生

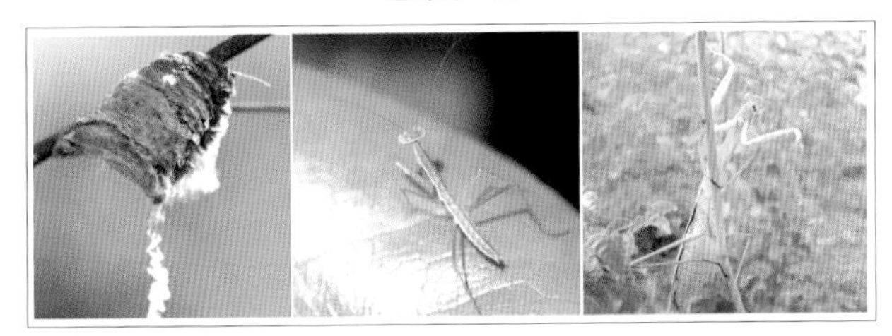

完全变态：分为卵、幼虫、蛹、成虫 4 个时期。

凤蝶的一生

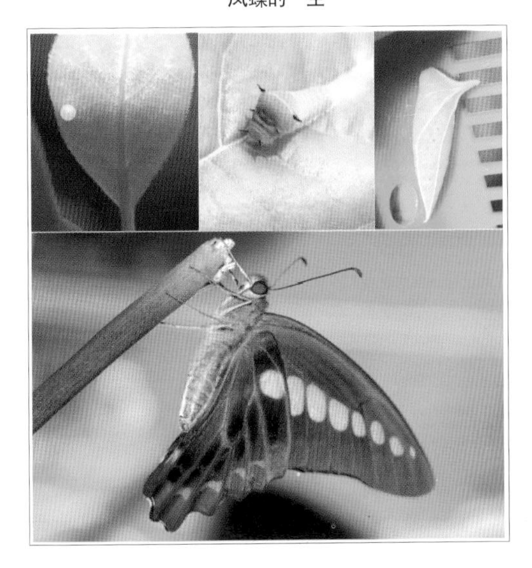

如何观察和识别昆虫

到哪里去寻找昆虫呢？很多人说，我到郊外旅游，除了几只蝴蝶、蜻蜓飞过，别的什么都没看到啊！其实，如果仔细观察的话，你会发现昆虫无处不在！

森林是昆虫种类比较集中的地方。我们漫步在林荫道上，会发现道路两旁的灌木丛中有螽斯、叶甲、竹节虫活动；在树干上，常常会发现天牛、锹甲和蝉的身影；林间空地中常常开满了花朵，那里除了采花的蜜蜂之外，还可以见到许多种类的蝴蝶和甲虫。

草丛中，蝗虫在跳跃；石头下，蟋蟀在低吟；朽木里，白蚁在筑巢。

淡水水域同样是一个生机盎然的昆虫世界。湖岸边，蜻蜓在周而复始地来回低飞；水面上，水黾在急速地行走捕捉猎物；湖水中，仰泳蝽在愉快地畅游；小溪旁，蜉蝣安静的在草丛中休息。

夜间，我们在野外挂起一盏灯，数不清的飞蛾、甲虫、蜉蝣、螽斯，还有许许多多各式各样的昆虫就会自动飞来。

发现和观察昆虫，其实是一件非常愉快的事情。

种类识别

跳虫（springtails）是一类原始的六足动物，现代的动物分类学将它们单独列为弹尾纲(collembola)。从广义上来说，也可以将它们列入昆虫，并且是一类非常原始的昆虫。

跳虫通常非常小，体长多数在1～3 mm左右，大型的通常也不会超过10 mm。跳虫的体色多样，有的灰黑，接近土壤的颜色；有的白色或透明，具有很多土壤动物的特点；有些则具有鲜明的红色、紫色或蓝色，非常抢眼。多数的跳虫腹部末端有一个特有的弹器，并善于跳跃，因此被称为跳虫。跳虫一般生活在土壤表层、洞穴、腐木、石下等阴凉、潮湿的环境中。有人通过调查发现：跳虫是动物界中个体数量最大的一个类群，在阔叶林和针叶林的自然土壤中，跳虫的密度竟然可以达到每平方米10^4～10^5个。

跳虫几乎是随处可见的一类小虫，全世界目前已知约6000种，我国也已经发现并定名约300种。

圆跳虫

圆跳虫科 Sminthuridae

圆跳虫身体近乎球形，体长多在3mm以内，胸部和腹部分节不明显。颜色通常为黄色、粉色、红色或褐色等，有些还带有花纹。多见于朽木、石下、落叶内等潮湿阴暗的环境。

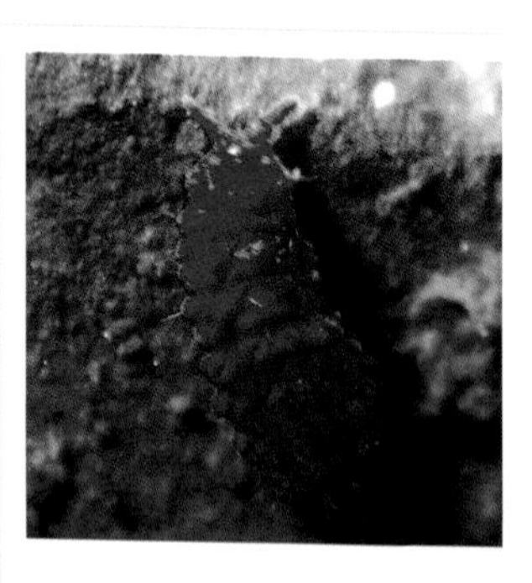

疣跳虫

疣跳虫科 Neanuridae

疣跳虫体长1.5～5mm，腹部的弹跳器退化，是少数不会跳跃的跳虫之一。疣跳虫身体上有众多瘤状突起，色彩一般为较为鲜艳的蓝色或红色，其动作迟缓，爬行较慢。生活在海边、朽木、石下等潮湿环境中。

长角跳虫科
Entomobryidae

长角跳虫

长角跳虫是在野外最容易遇到的跳虫，个体相对较大，体长1～8 mm，有些甚至更长。长角跳虫身体长形，触角较长，有些种类甚至超过体长很多。长角跳虫善于跳跃，体色多为暗淡的灰色、白色、黄色和黑色，通常长角跳虫身体长有许多长毛。长角跳通常生活在阴暗的林下落叶、树皮、真菌、土壤表层等处，有些种类甚至出现于人类的居所中。

鳞跳虫科
Tomoceridae

鳞跳虫

鳞跳虫是在野外可以看到的一类较大的跳虫，常见的一些种类长度可以达到10 mm左右；鳞跳虫身体上的鳞片有明显的突起或有沟；鳞跳虫属大型的地表种类，多见于树皮下、石下、落叶层中，也有些种类发现于洞穴中。

等节跳虫科
Isotomidae

等节跳虫的主要特征是腹部各节长度相差不大，体长大约在8 mm之内，也是跳虫中的大块头之一。等节跳的色彩通常是灰黑色、黄色甚至无色透明的。等节跳虫的生活环境也是阴暗潮湿，跟其他种类的生活环境较为接近。

等节跳虫

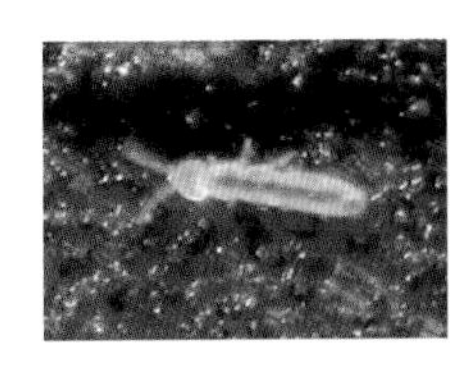

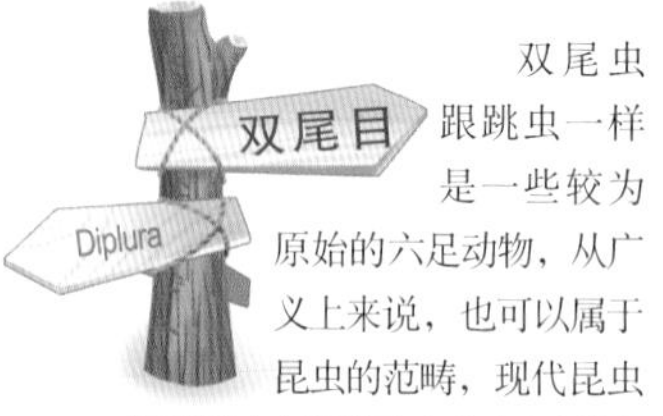

双尾虫跟跳虫一样是一些较为原始的六足动物，从广义上来说，也可以属于昆虫的范畴，现代昆虫学则将这个类群独立成为双尾纲。

此类昆虫生活在土壤、洞穴等环境中，活动迅速，当你在石头下面发现它们的时候，它们会迅速钻到土壤缝隙中逃脱。双尾虫身体细长，触角长并呈念珠状，无复眼和单眼；体色多为白色或乳白色，有时也带有黄色。主要包括两大类：双尾虫和铗尾虫，双尾虫生有一对分节的尾须，较长；铗尾虫具有一对单节的尾铗。

全世界已知的双尾虫和铗尾虫共有800多种，中国已知仅50多种。

双尾虫

双尾虫科
Campodeidae

双尾虫多为白色，通常身体非常柔软，两根尾须通常较长，与长长的触角首尾呼应。常见的双尾虫身体一般有5~10 mm长（不含触角和尾须的长度）。双尾虫多生活在腐殖质较好的土壤表层以及腐烂的树叶层中，有时也可见于腐烂的木料内，在一些洞穴中也可以见到双尾虫的踪迹。

在野外翻动石块的时候，有时土壤中会有非常相近的白色虫子迅速爬行，但仔细观察就很容易辨别，只有三对足的才是双尾虫。

石蛃是一类中小型的较为原始的无翅昆虫，全身覆盖有鳞片，常有各种光泽，但其整体颜色则呈灰褐色，接近所栖息的环境；身体狭长，背部隆起，腹部末端有一对尾须和一条中尾丝，尾须长度短于中尾丝的长度；石蛃善于跳跃。

石蛃

石蛃科
Machilidae

石蛃通常生活在阴暗潮湿处，如苔藓、地衣上、石头中、石块下等地。但是在阳光明媚的夏天，通常可以在裸露的岩石上，发现出来晒太阳的石蛃。这也是观察、采集、拍摄石蛃的大好时机。

全世界已知石蛃约300余种，中国则只记录了近20种。

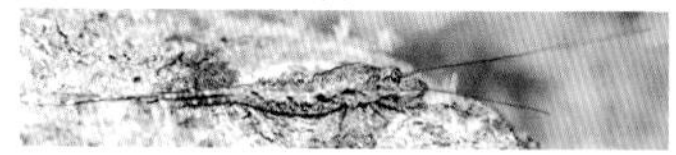

衣鱼目
Zygentoma

衣鱼 (silverfish) 的身体略呈纺锤形，身体扁平不隆起。衣鱼目昆虫是一个较为原始的类群，无翅；具有一对尾突和一根中尾丝，这三根尾状物通常等长。

衣鱼的生活环境十分广泛，有些种类喜欢潮湿、阴暗的环境，有些则喜欢温暖的环境，有些生活在人类居室中，有些则与白蚁、蚂蚁共生。

人们常常可以在一些老式的房屋纸糊的墙壁上或者闲置很久的书籍报刊中，发现衣鱼的踪迹，因此在中国古代被称做蠹鱼。

全世界已知衣鱼300余种，而中国已知种类不足10种。

衣鱼科 Lepismatidae

衣鱼

衣鱼通常全身覆盖有鳞片，自由生活或者生活在室内。衣鱼在室内生活在谷物、衣物、墙纸，特别是闲置很久或是无人翻动的书籍资料等中。在野外，人们则很少能够见到衣鱼的踪迹。

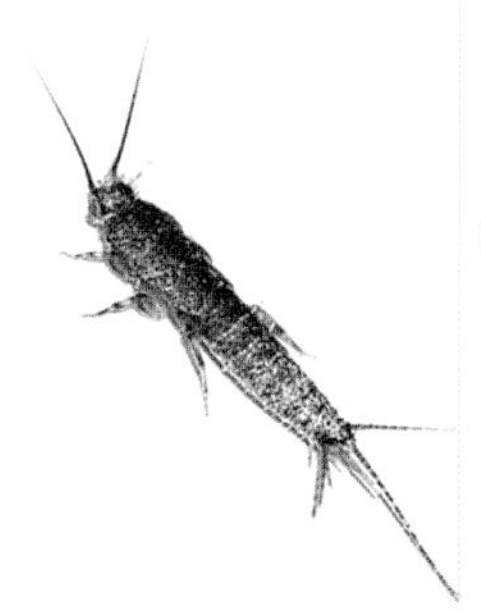

土衣鱼科 Nicoletiidae

土衣鱼

土衣鱼是自由生活的种类，数量和种类都不多，属于较为少见的类群。土衣鱼身体上没有鳞片覆盖，因此多为白色或米黄色。有时会与双尾虫混淆，但仔细留意的话，土衣鱼腹部带有三根尾状物，而双尾虫则只有一对尾突。

蜉蝣（mayfly）为蜉蝣目昆虫的统称，是现存最古老的有翅昆虫。身体细长，体态轻盈，显得十分柔软。蜉蝣复眼通常发达，单眼三个，触角短，口器退化。一般前翅较大，三角形，翅脉发达呈网状；后翅较小或退化。蜉蝣的尾须细长，有些种类还具有中尾丝。

蜉蝣的成虫不取食，具有较强的趋光性。蜉蝣生活周期极短，常被人当做是朝生暮死的代名词。蜉蝣为不完全变态，稚虫水生；蜉蝣还是昆虫当中唯一具有两个成虫期（亚成虫和成虫）的类群。

全世界蜉蝣种类已知2 300多种，我国目前已知300多种，很多种类都有待进一步的发现。

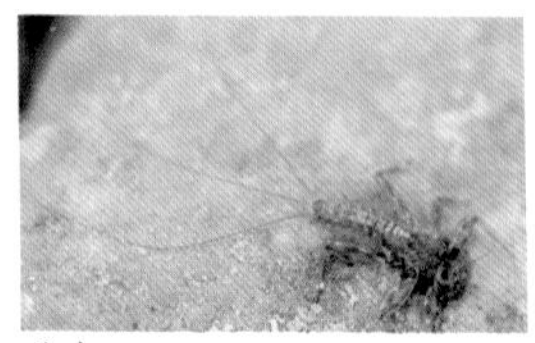
稚虫

亚成虫

四节蜉科
Baetidae

红腹四节蜉
Baetis sp.

小型种类。四节蜉雄虫的复眼分割，上半部为陀螺状；后翅小而退化，狭长；雄虫腹部第2～6节通常透明；雌虫腹部常为淡褐色或红褐色。

我国南北各地都有分布。

双翼二翅蜉
Cloeon dipterum

小型种类，体长8 mm左右。雄虫身体棕色，雌虫橘黄色；雄性成虫复眼陀螺状；前翅前缘棕色，无后翅；尾须一对，长，黑白相间。

广泛分布于全国各地，属常见的种类。

蜉蝣

Ephemare sp.

体型中等，长10～25 mm左右。雄虫复眼相对较小，翅上通常有暗色斑纹。

蜉蝣分布很广，从南到北都有分布。

小蜉科 Ephemerellidae

小蜉

小型到中型的种类，小蜉的许多种类颜色斑纹都不一样，多数为褐色；雄性复眼分上下两部分，下部通常比上部颜色黑一些；雌性复眼小不分上下两部分；后翅正常。

多分布于北方地区。

扁蜉科 Heptageniidae

高翔蜉

Epeorus sp.

小型种类。复眼较大，十分突出；体黄色，胸部及腹部两侧紫红色；后翅翅脉较为发达。

分布于南方各省。

蜻蜓（dragonflies）和豆娘（damselflies）为蜻蜓目昆虫的统称，是著名的捕食性昆虫，善于飞翔。蜻蜓身体较为粗壮，飞翔迅速；豆娘（也称蟌）则身体细长，体态轻盈。蜻蜓目昆虫复眼通常发达，触角刚毛状，口器发达。翅膜质，翅脉发达呈网状；蜻蜓休息时翅平展在身体两侧，豆娘则束置于背上。

蜻蜓目昆虫常见于溪流、湖泊等处；稚虫水生（称为虿），取食各种小型水生动物；我们通常见到的蜻蜓点水，实际上就是蜻蜓产卵的动作。

蜻蜓是一类十分古老的昆虫，全世界已知种类约有5000种，我国目前已知400多种。

蜓科 Aeshnidae

碧伟蜓

Anax parthenope

常见的大型种类，腹部长约55mm；头部前缘有一条黑色横纹，胸部为黄绿色，腹部黑褐色，两侧带有黄色条状斑纹。雄虫色彩比雌虫稍显鲜艳。

成虫是低海拔地区、甚至城市中经常可以见到的大型蜻蜓，但飞翔速度很快，很难有机会看清楚它们的面貌。碧伟蜓在我国大部分地区均有分布。

朱黛波蜓

Polycanthagyna erythromelas

大型种类，腹部长约60mm；雄性胸部黄绿色，两侧各有两条宽大的黑色斑纹；腹部黑色，每节均有1～2条黄色横斑；雌虫腹部底色褐色，其余与雄虫相近。

常见于溪流附近，飞翔迅速；主要分布于南方的广大地区。

细腰长尾蜓

Gynacantha subinterrupta

体形较大，腹长50 mm左右；头部以黄色为主，额有不明显的黑色T字纹；胸部黄褐色，无斑纹；腹部以黑褐色为主，基部两节膨大，第二腹节背面有三条黑色横纹。

飞翔能力较强的种类，多见于池塘、沼泽等静水环境。分布于广西、重庆、四川等地。

春蜓科 Gomphidae

连纹台春蜓

Davidius fruhstorferi

小型春蜓，腹长30 mm左右；头部以黑色为主，额横纹黄绿色；胸部大部分黑色，背板两侧各有一个大斑点，和胸部分具有黄色条纹；腹部大部分黑色，具有黄色斑点。

常见于山路两旁、小溪边，通常做短距离飞翔，领地意识较强。分布于江苏、福建、重庆、四川等地。

马奇异春蜓

Anisogomphus maacki

中小型春蜓，腹部长约35 mm；头部上唇前方2/3黄色，端部1/3黑色，后头后方具较大的黄绿色斑，其余黑色；腹部背面黄色，具有一对"7"字形纹，胸部侧面黄色，第二和第三条纹黑色；腹部大部分黑色，具有黄色斑点。

常见于山路旁，喜做短距离飞行；分布于北京、河北、黑龙江、内蒙古、山西、陕西、河南、云南、重庆、四川、贵州、湖北等地。

大团扇春蜓

Sinictinogomphus clavatus

大型春蜓，腹长将近60mm；雄虫胸部黄色，有黑色细条斑；腹部黑色，背面及侧面具有黄色斑，末端有一对扇片状的突起，其内侧为黄色；雌雄差异不大，但雌虫腹部黄色斑较发达。

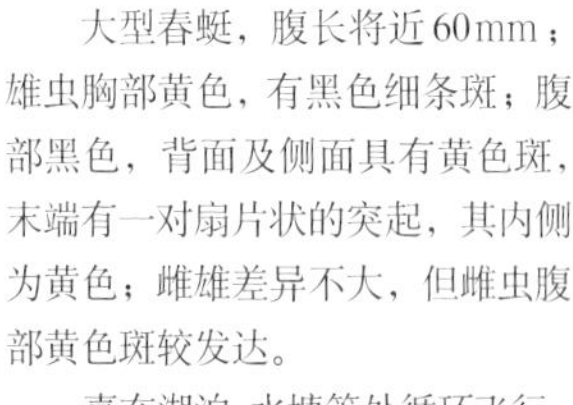

喜在湖泊、水塘等处循环飞行；分布于北京、福建、江苏、云南、重庆、四川等地。

恩迪扩腹春蜓

Stylurus endicotti

较大的春蜓种类，腹部长45mm左右；头部黑色为主；胸部具有黄绿色斑纹；腹部大部分黑色，每节具有黄绿色斑点。

见于山路、溪流旁；分布于南方各省。

黄脊缅春蜓

Burmagomphus collaris

中小型春蜓，腹部长接近35mm；前胸黑色为主，具有黄色斑点，前叶大部分黄色，背板黑色，两侧各有一个大型黄斑；合胸侧面以黄色为主，有黑色条纹；腹部主要为黑色，具有黄色环状斑纹。雌性外观与雄性接近。

主要活动于小溪附近；分布于北京、河北、江苏、浙江、重庆等地。

大蜻科
Macromidae

闪蓝丽大蜻
Epophthalmia elegans

大型蜻蜓，有些个体腹部接近60 mm；雄性头部正面观，有两条黄白色横斑；胸部底色黑且有蓝绿色金属光泽，腹部黑色，背侧面有黄色横斑，其中第三节黄斑特别发达。

多生活在低海拔地区的湖泊等静水环境周围。分布于北京、贵州、湖南、重庆、四川、广东、台湾等地。

雄性

雌性

玉带蜻
Pseudothemis zonata

本种极易识别，特征十分突出，为中型的美丽种类，腹长约30 mm；褐色或黑色，翅基部具有黑褐色斑，腹部第三、四节白色，其中雌性白色腹节带有黄色。

本种生活在林间的池塘、湖泊、沼泽等大面积静水环境周围。分布于北京、河北、河南、湖北、湖南、江苏、福建、重庆、广东、广西、江西、浙江、台湾等地。

雌性

雄性

蜻科
Libellulidae

竖眉赤蜻
Sympetrum eroticum

小型蜻蜓，腹部长通常不超过30mm，雄性头黄色，有两个明显的黑色圆形眉斑；前胸深褐色，有黄斑，合胸背面黄褐色；腹部红色，第四至八节末端下侧缘具黑色斑；雌性斑纹基本类似，腹部黄色且斑纹较大。

常见于山区林地一带，分布于北京、浙江、云南、重庆、四川、福建、广西等地。

六斑曲缘蜻

Palpopleura sex-maculata

雌性

雄性

美丽的小型种类，腹长约15mm；前后翅有褐色斑纹，后翅金黄色，翅前缘波纹状弯曲，腹部略扁宽，是其极易识别的特点。本种腹部色泽，不同个体间有很大差异，有的个体黑斑较大，只是腹部几乎全黑，有些个体腹部黄褐色，各节侧面有黑色纵条纹。

本种一般见于林间空地，做短距离飞行；分布于江西、福建、湖南、重庆、四川、云南、广东、海南等地。

褐肩灰蜻

Orthetrum japonicum

中型蜻蜓，腹部长接近30 mm；雄性胸部侧面观底色为粉状的淡黄色，有两条宽大的黑斑，腹部为粉状的淡水青色；雌虫与未成熟雄虫呈黄色与黑色相间的斑纹；雌虫腹部具发达的黑色纵带和横纹。

主要生活在湖泊、水田等静水环境周围；分布于北京、河北、浙江、湖北、福建、重庆、四川、云南等地。

雄性

雌性

白尾灰蜻

Orthetrum albistylum

最常见的蜻蜓种类之一，体中型，腹长约40 m m；雄性为带有粉末状的水青色，胸部侧面有两条宽大的黑褐色斑纹，腹部末端四节黑色；雌性和未成熟雄性褐色中略显淡绿，腹部黑斑发达。

山间、林地、溪流边均能见到白尾灰蜻的活动，分布于北京、河北、山西、山东、江苏、浙江、湖南、福建、广东、重庆、四川、云南等。

狭腹灰蜻

Orthetrum sabina

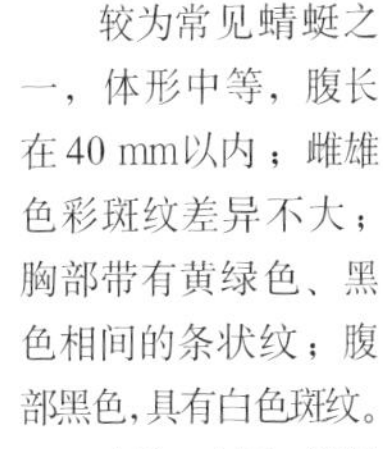

较为常见蜻蜓之一，体形中等，腹长在40 mm以内；雌雄色彩斑纹差异不大；胸部带有黄绿色、黑色相间的条状纹；腹部黑色，具有白色斑纹。

山沟、水田、沼泽等处较为常见；分布于浙江、湖北、湖南、福建、台湾、广东、重庆、四川、云南等地。

赤褐灰蜻

Orthetrum pruinosum

中型种类，腹长约30 mm，较粗壮；红褐色，翅基部具有小型褐色斑；胸部色暗；额色黑；为其较为突出的特征。

常见于林地、池沼等环境中；分布于福建、江西、广西、海南、重庆、贵州、云南等地。

鼎异色灰蜻

Orthetrum triangulare

中等体形的蜻蜓，腹长约35 mm；雄性胸部黑色，腹端黑色部分长；翅基部黑色；雌性胸部背侧中央黄色；翅段部不具有黑褐色。

生活在池塘、沼泽、小溪等缓流的水域附近；分布于重庆、台湾等地。

红蜻

Crocothemis servilia

雌性

雄性

漂亮的小型种类，腹长约30 mm；雄性胸部和腹部均为红色，腹部背侧中央有一条细的黑线；雌虫黄褐色或褐色；未成熟成虫，不论雌雄，均为黄色。

常见于山地林间及池塘、沼泽等静水环境；分布于北京、河北、山西、江苏、福建、广东、广西、重庆、四川、云南等地。

锥腹蜻

Acisoma panorpoides

外形较为特殊的小型种类，腹长约18 mm；雄性体色淡蓝，胸部褐色斑纹非常特殊；雌性黄褐色或绿褐色，黑色斑纹与雄性相同；该种腹部自中部后缩小成长锥状。由于无近似种类，因此容易识别。

此种飞翔能力不强，生活在池塘、沼泽等环境中；分布于江苏、浙江、福建、广西、云南等地。

黄蜻

Pantala flavescens

最为常见的蜻蜓种类，腹部长32 mm左右；体色为黄褐色；腹部末端背侧有黑斑；雌雄色彩斑纹差异不大。

此种经常成群飞舞，数量十分庞大，从城市到山区均可见到；分布于北京、河北、山西、浙江、江西、湖南、福建、广西、重庆、四川、云南、西藏、台湾等地。

晓褐蜻

Trithemis aurora

常被称做紫红蜻蜓，色彩艳丽的种类，体中小型，腹长约25 mm；雄性全身及翅脉均为紫红色，胸部具有黑色条状斑，翅基部橙红色；雌性体色为橙黄色，胸部及腹部黑色斑纹发达。

生活在池塘、小溪等环境周围；分布于湖北、湖南、重庆、台湾、广东、广西、云南等地。

华斜痣蜻

Tramea virginia

体中型，腹长约34 mm；胸部红褐色，后翅基部宽，带有明显的红褐色斑，极易区别于其他种类；腹部红褐色，末端黑色；雌雄差别不大，但腹部与后翅基部部分黄褐色。

生活在水塘、湖泊等静水环境中；分布于北京、江苏、福建、江西、湖南、重庆、四川、云南等地。

纹蓝小蜻

Diplacodes trivialis

小型种类；腹长约20 mm；前胸黑色，背板中央有两个相连的黄色斑；合胸色彩因老幼不同有变化，老熟个体全黑色、幼小个体黄褐色，有褐色和黑色条纹；腹部的基部三节较膨大，黄色，具黑色环状纹，第四节之后的各节大部分黑色，有的节侧面具有不明显黄色斑；雌雄体形、色彩、斑纹接近。

见于沼泽、池塘等静水环境；分布于福建、江西、云南、台湾等地。

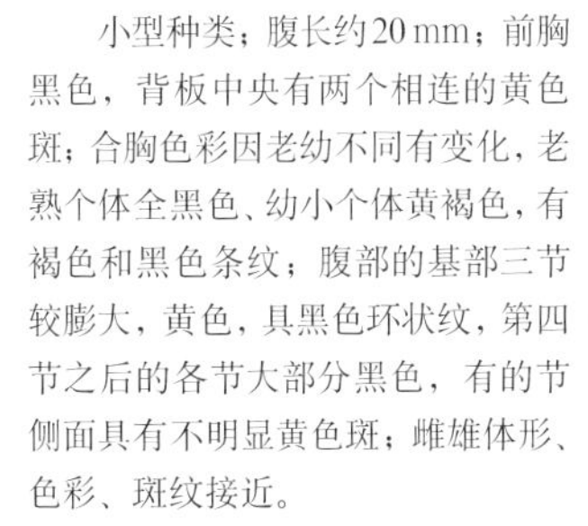

宽腹蜻

Lyriothemis tricolor

小型蜻蜓，体小而粗壮，腹部扁宽，特征十分明显，腹长约20 mm；体棕黄色，腹部有黑色和棕色条状斑。

生活在溪流附近，分布于广东、广西、海南、重庆、台湾等地。

异色多纹蜻

Deielia phaon

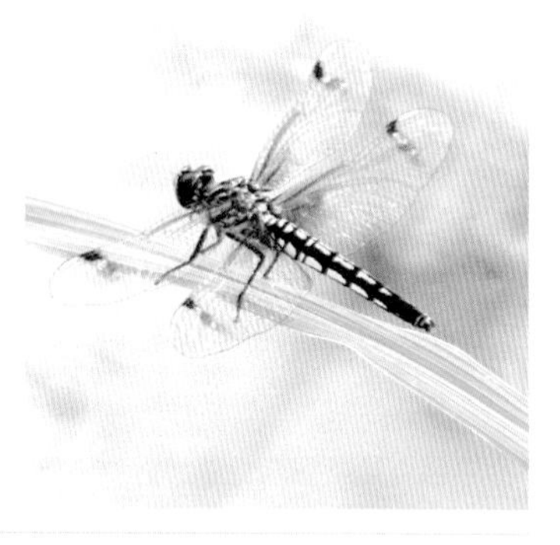

体小到中型，腹长约28 mm；雄性体色灰，雌性体色黄，雄性额部有蓝黑色斑，雌性腹部有黑色条纹。

多见于湖泊等静水环境周围，分布于北京、天津、江苏、浙江、重庆等地。

网脉蜻

Neurothemis fulvia

体中型，腹长23 mm左右；身体褐色，翅除端部的一个小区域外，全为褐色，翅痣赤黄色，翅脉很密如网状，较易辨别。

通常见于池沼、湖泊等静水环境；分布于福建、海南、云南等地。

粗壮恒河蟌

Philoganga robusta

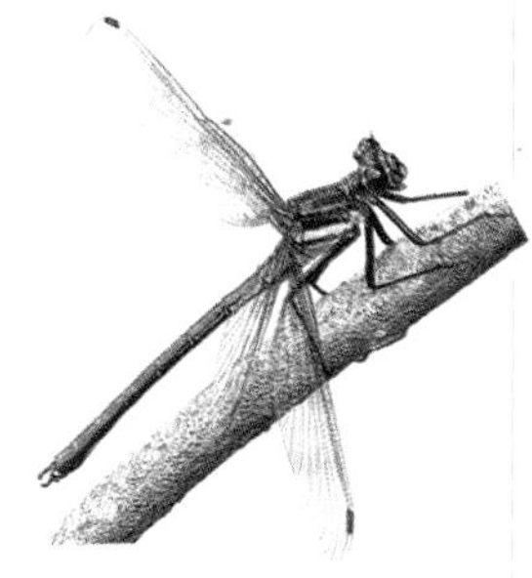

大型种类，较粗壮，体长约67 mm；头部上唇黄绿色，额和头顶黑色；合胸两侧各有一条黄色纵纹，并与肩前方黄色纵纹相连，呈“U”字形纹；腹部前六节两侧具黄色纵纹，第十节背面具一对横斑。

多生活在溪流附近，分布于浙江、江西、福建、重庆、贵州等地。

赤基色蟌

Archineura incarnata

漂亮的中型种类，体长86 mm；雄性上唇黑色，中央具黄色横纹，头其余部分铜绿色；胸部铜绿色，翅基部1/3洋红色，不透明；腹部铜绿色。雌性色彩与雄性近似，但翅为淡褐色，透明。

多见于小溪边，分布于浙江、福建、重庆、四川、贵州等地。

透顶单脉色蟌

Matrona basilaris

较为常见且艳丽的中型种类，体长70 mm；体铜绿色，具金属光泽；雄性翅基半部天蓝色，端半部黑色，不透明；雌性翅淡褐色，翅痣白色。

通常在小溪、山涧等处活动，分布于浙江、福建、广西、重庆、贵州、云南等地。

黑角细色蟌

Vestalis smaragdina

中小型种类，体长60 mm左右；体翡翠绿色，具有金属光泽，足细长，黑色，翅透明。

在山涧溪流一带活动，分布于浙江、重庆、贵州、台湾等地。

犀蟌科 Chlorocyphidae

线纹鼻蟌

Rhinocypha drusilla

小型种类，非常艳丽，体长36 mm；雄性头部黑色，具有橙黄色斑纹；合胸黑色，也具有若干橙黄色条纹；翅透明，后翅端部深褐色伸至中间部位，翅端部具有一个小的淡色斑；翅痣褐色和黄色；腹部黑色，具橙色斑。

生活于山间清澈的溪流之上，在溪流的石块间穿梭飞行；分布于浙江、福建、重庆、贵州等地。

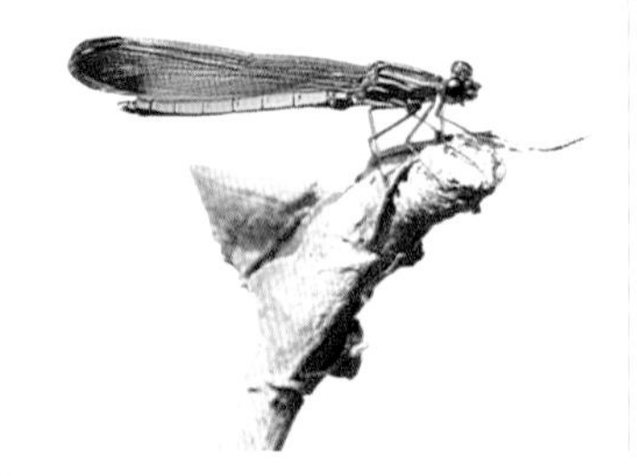

月斑鼻蟌

Heliocypha biforata

非常艳丽的小型种类，体长约30 mm；雄性头部黑色，具有黄斑；合胸黑色，也具有若干黄斑；翅透明，略微带黄色，前翅翅尖褐色，后翅端部1/3褐色；翅痣褐色；腹部黑色，具有淡蓝色斑点。

生活于山间清澈的溪流间；分布于云南等地。

腹鳃蟌科
Epallagidae

巨齿尾腹鳃蟌

Bayadera melanopteryx

美丽的小型种类，体长不足40 mm；身体较细和翅端半部黑色是该种类易于辨别的特征。

发现于水质清澈的溪流旁，分布于浙江、云南等地。

综蟌科
Synlestidae

赤条绿综蟌

Sinolestes edita

中型种类，体长63 mm左右；头部下唇红黄色，上唇为光亮的黑色，上颚基部和颊红黄色，前唇基黄褐色，后唇基黑色，额和头顶具绿色光泽；前胸绿色，两侧黄色，合胸绿色具有较宽的黄色条纹，侧面后半部黄色；翅透明，翅痣长而明显，褐色；足黑色，基节、转节黄色；腹部墨绿色，带有金属光泽，具有黄斑。

山间溪流旁可见，静止的时候翅在身体背面张开；分布于浙江、重庆、台湾等地。

丝蟌科
Lestidae

日本丝蟌

Lestes japonicus

身体细小，静止时翅斜放于体背，不合并；体长36 mm左右；复眼蓝色；身体背部铜绿色为主，腹面以蓝色为主；腹部末端两节蓝色。

生活于池塘、湖泊、沼泽等静水水域，分布于云南等地。

蟌科
Coenagriidae

杯斑小蟌

Agriocnemis femina

小型种类，体长22mm；雄性胸部遍布白粉；腹部黑褐色，末端橙红色；雌虫胸部灰绿色，腹背侧黑褐色，腹面草绿色；部分雌性个体，接近雄性颜色。

生活在水田、沼泽等静水环境内；分布于浙江、福建、广东、重庆、贵州等地。

雌性

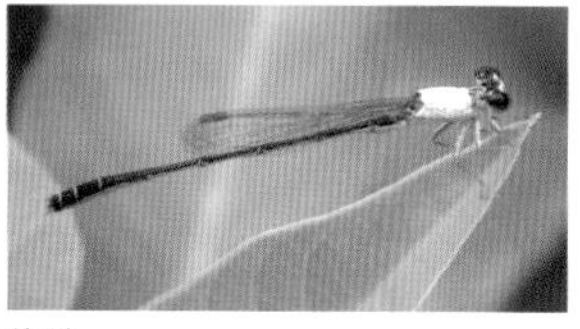

雄性

褐斑异痣蟌

Ischnura sengalensis

常见的小型豆娘，体长30 mm以内；雄性胸部青绿色并具有黑色条纹；腹部背侧黑色，腹侧黄色，末端具有水蓝色斑；雌性部分个体与雄性相同，部分个体体色较淡且无水蓝色斑。

水田池塘边的常见种类，分布于湖北、湖南、重庆、云南等地。

短尾黄蟌

Ceriagrion melanurum

小型豆娘，体长35 mm左右；头部下唇淡黄色，头顶和后头暗橄榄绿色；胸部也为橄榄绿色，侧面黄色；翅透明，翅痣金黄；腹部1～6节鲜黄，7～10节背面有向两侧延展的黑斑。

生活在山间静水水域周围，分布于重庆、四川、云南等地。

白扇蟌

Platycnemis foliacea

小型豆娘，体长37mm；雄性头黄绿色，部分黑色；中胸黑色，后胸黄色；足白色，中后足胫节扩大成扇片状；腹部黑或褐色，并具有黄色条纹。

常见于距离水域不远的草丛中，分布于北京、河北、浙江、湖北、重庆、江西等地。

雄性

雌性

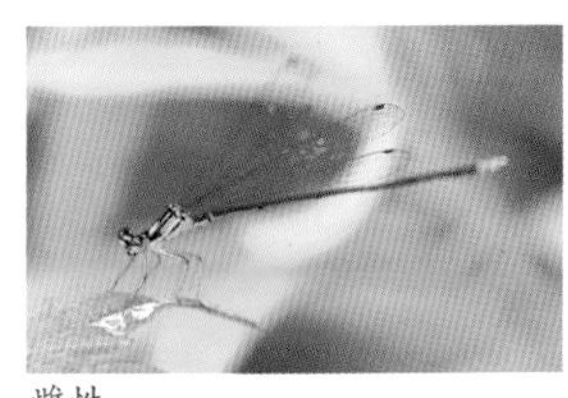

雌性

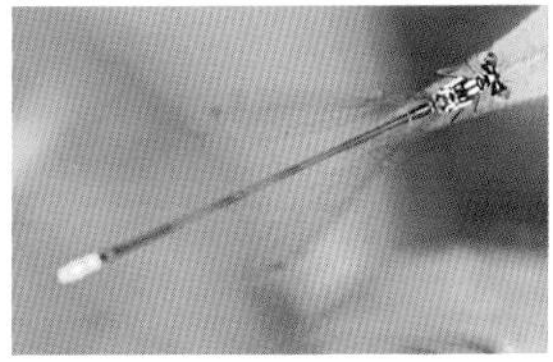

雄性

黄纹长腹蟌

Coeliccia cyanomelas

中型豆娘，体长48mm；雄性头部黑色，具有蓝色和黄色斑；合胸背面褐色，具有天蓝色条纹，侧面天蓝色；腹部黑色具有天蓝色斑纹。

常见于山区清澈小溪附近，分布于浙江、重庆、福建、台湾等地。

石蝇(stonflies)是襀翅目昆虫的统称，其名称的来历主要是因为人们常会在水边石块上发现它们。石蝇身体柔软，较为扁平，细长，具有一对尾须；石蝇飞翔能力较差，通常只在水边发现。

石蝇属不完全变态，稚虫水生。

全世界已知石蝇2 300余种，中国已知不足400种。

羽化中的石蝇

叉襀科
Nemouridae

叉襀

此类石蝇通常个体较小，一般不超过15mm。身体和翅通常黑色或灰黑色，一般早春开始出现，很少活动，有些种类甚至在冰雪尚未融化的时候已经出现。

有些种类的叉襀将卵背在腹部，起到保护作用。

我国南北各省都有分布，但稚虫通常生长在高山溪流中。

卷襀科
Leuctridae

卷襀

此类石蝇通常为小型，一般不超过10mm。褐色或黑褐色为主，一些种类胸部红色。静止的时候，卷襀的翅常向下包围腹部，呈卷筒状。

卷襀通常生活在高山中植被较好的溪流附近。

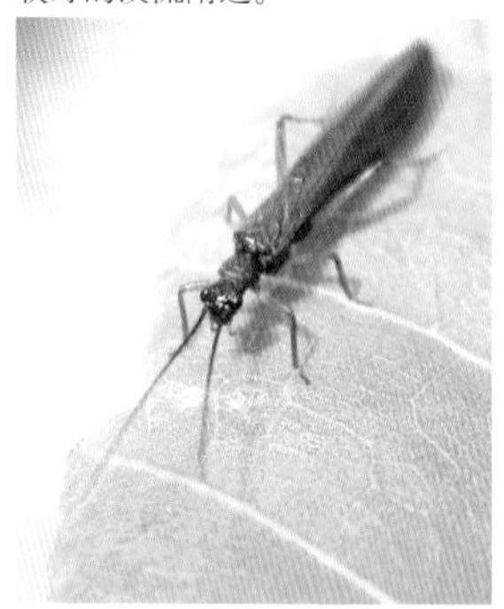

襀科
Perlidae

襟襀

Togoperla sp.

非常美丽的大型种类，在襀翅目中是较为少见的。头部以橙黄色为主，中间有一大块黑色斑，三对足的腿节基半部橙黄色，其余部位大多灰黑色。

分布于重庆。

新襀

Neoperla sp.

中型种类，身体以淡黄色为主，有些部位黄褐色；翅透明，无其他颜色斑纹。

分布于西南地区。

蜚蠊（cockroaches）是蜚蠊目昆虫的统称，通常也被称作蜚蠊、土鳖、偷油婆等。

带有卵鞘的蟑螂

蟑螂的身体扁平，通常为卵圆形；头部一般向下，置于前胸背板之下；口器咀嚼式，通常具有较长的触角，翅通常卵圆状并盖住整个腹部，翅脉网状，发达；腹部末端具有一对较短的尾须。

蟑螂的繁殖能力极强，渐变态；雌虫通常将卵鞘携带在腹部末端，起到保护作用。蟑螂通常善于爬行，反应迅速敏捷；一般生活在石块、树皮下、枯枝落叶、垃圾堆中，也有的喜在植物枝干间爬行，甚至取食花蜜；一些种类生活在居室中，成为著名的卫生害虫；另外的一些种类则为著名的中药材。

蟑螂全世界已知约 4 000 种，我国有 300 余种。

姬蠊科
Blattellidae

中华拟歪尾蠊

Pseudothyrsocera sinensis

较为漂亮的姬蠊种类。身体中型，长 13～16 mm。前胸背板及前翅红褐色，前翅端部（即通常我们看到的身体最后方）有一黑色区域，呈三角形；尾须黑色，伸出到翅的两边。

分布于安徽、福建、重庆、四川、贵州、云南等地。

德国小蠊

Blattlla germanica

体小型，体长 11 mm 左右。头部淡黄褐色，前胸背板接近梯形，上有两条黑色纵向条纹；前翅狭长，淡黄褐色；尾须色淡，伸于翅的两侧。

家居内最常见的蟑螂种类之一，世界性种类，国内各地均有分布，著名的卫生害虫。

此种虽然被命名为德国小蠊，但其原产地却是非洲。

光蠊科
Epilampridae

大光蠊

Rhabdoblatta sp.

大型野生种类，头至翅端部总长40 mm以上。体色整体呈褐色，带有很多黑色斑，前胸背板黑色斑点颜色较重，前翅散生许多大小不一的黑色斑点。

分布于重庆等地。

黑带大光蠊

Rhabdoblatta nigrovittata

大型野生种类，头至翅端部总长达40 mm左右，外表通体漆黑。前胸背板遁形稍扁，前缘弧形，后缘凸出形成一个尖角；前翅狭长。

分布于福建、重庆、云南等地。

蜚蠊科
Blattidae

黑胸大蠊

Periplaneta fuliginosa

体大型，头至翅端部总长约33 mm。身体及足微黑褐色，前翅红褐色。腿上的刺发达，行动迅速。

广泛分布于国内各地，为室内常见种类，是重要的卫生害虫之一。能够传播多种疾病。

白蚁(termes)是等翅目昆虫的统称。白蚁是著名的社会性昆虫，具有群居的生活习性，喜欢在枯树甚至地下筑巢，并且有着极为复杂的品级分化。人们常称之为：螱、白蚂蚁、涨水蛾等。

繁殖蚁（鼻白蚁科）

白蚁的品级可以分为繁殖蚁和非繁殖蚁两大类，繁殖蚁包括蚁王和蚁后，非繁殖蚁包括工蚁和兵蚁。白蚁的繁殖蚁通常具有一对狭长、膜制的翅，大小及形状几乎相等，故被称作等翅目；非繁殖蚁的兵蚁通常具有一对发达的上颚，专门负责护卫工作，这在昆虫世界中是独一无二的。

白蚁的经济意义非常大，常给建筑物带来毁灭性的灾害。具翅的成虫，通常会在早春的雨后开始出现。

全世界等翅目昆虫已知3 000多种，中国目前已知400多种。

白蚁科 Termitidae

黑翅土白蚁

Odontotermes formosanus

常见的土栖性白蚁，繁殖蚁多在春天出现，翅狭长，棕褐色，前缘枯黄色，飞翔距离短，通常仅有数米；兵蚁头部暗深黄色，上颚镰刀型，触角念珠状，腹部淡黄色；工蚁头部乳白色，身体柔弱状。

分布于我国南方广大地区。

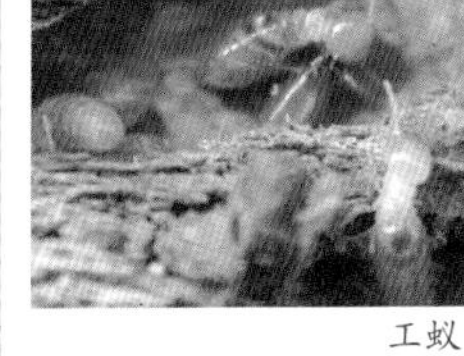

工蚁

兵蚁

繁殖蚁

兵蚁　　工蚁

鼻白蚁科 Rhinotermitidae

散白蚁

Reticulitermes sp.

兵蚁头壳淡黄色，长方形，略宽，上颚黑褐色；工蚁头部乳白色，圆形。

分布于重庆等地。

双峰散白蚁

Reticulitermes sp.

兵蚁头部暗黄，长方形，较为狭长，上颚紫褐色，头顶部有两个额峰隆起十分明显；工蚁头部乳白色，圆形。

分布于重庆、贵州等。

螳螂（praying mantis）是螳螂目昆虫的总称。螳螂的英文名带有祈祷的意思，显然是在表明螳螂举起一对前足这样一个常见的动作很像是在祈祷。螳螂可以说是一类人们非常熟知的昆虫，头部三角形，转动灵活，一对长长的触角和一对大大的复眼；前胸一般很长，前足为捕捉足，带有很多齿，善于抓捕猎物；中足和后足细长，适合步行。

螳螂属于不完全变态，所产的卵包裹于泡沫状或纸状的卵鞘中，常附着于树干上，被称作螵蛸。有些种类的螵蛸被作为中药材使用。

全世界已知螳螂约 2 000 种，中国已知 160 余种。

卵块（螵蛸）

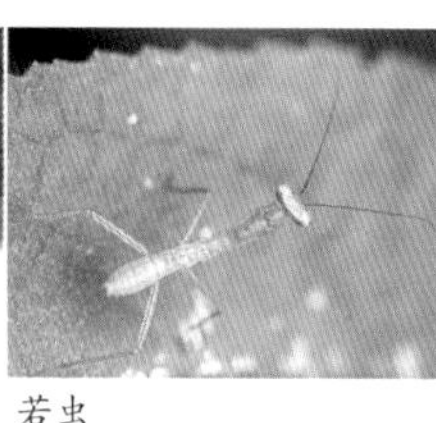
若虫

螳科 Mantidae

中华大刀螳

Tenodera sinensis

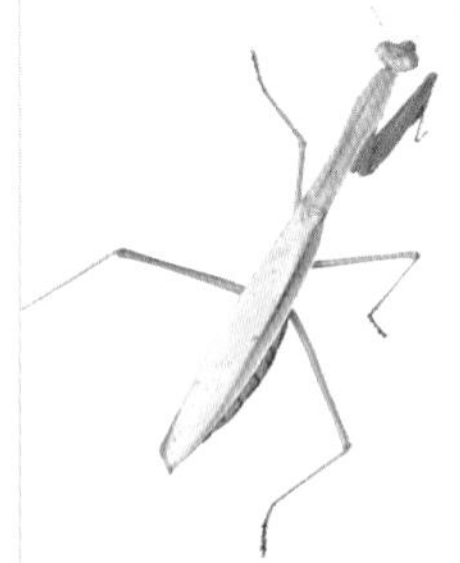

大型的常见螳螂，体长达到翅端约95 mm，绿色，前胸及前翅带有少许紫色斑纹。

中华大刀螳广布于南北各地，并早在1896年就随同苗木一同引进到美国等地，并繁衍后代。

古细足螳
Palaeothespis sp.

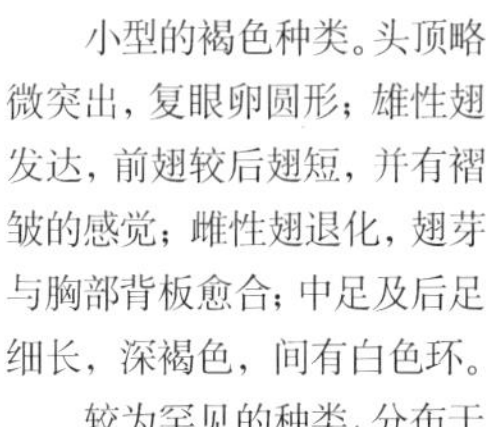

小型的褐色种类。头顶略微突出，复眼卵圆形；雄性翅发达，前翅较后翅短，并有褶皱的感觉；雌性翅退化，翅芽与胸部背板愈合；中足及后足细长，深褐色，间有白色环。

较为罕见的种类，分布于重庆。

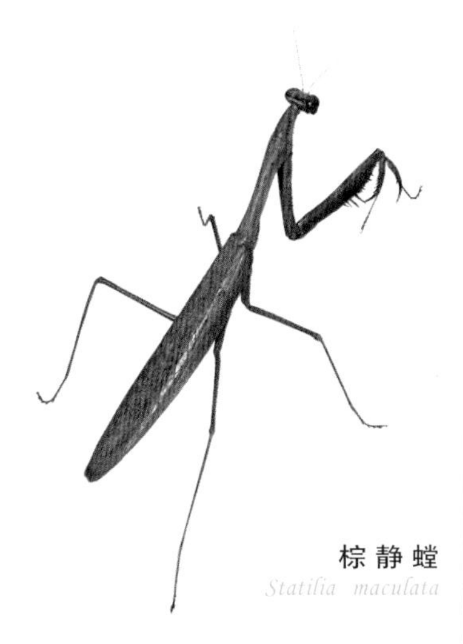

棕静螳
Statilia maculata

中等大小的螳螂，体长45～50 mm。身体褐色，前足基节和腿节内侧具有大块的黑色斑纹。静螳生性安静，可长时间守候猎物。

全国性分布的种类。

枯叶大刀螳
Tenodera aridifolia

体型较大的螳螂，前胸背板相对狭长，外观与中华大刀螳较为相近。大多数个体呈枯叶颜色，故名枯叶大刀螳。

分布于江苏、浙江、湖南、四川、贵州、云南、西藏、福建、广东、广西及海南等地。

中华原螳

Anaxarcha sinensis

小型种类，体长约35 mm。绿色，复眼卵圆形，明显突出，平行分布在头部两侧；前足内列刺13枚。本种生性机敏、活泼，遇到危险时立刻躲藏起来。

分布于浙江、湖南、重庆、四川、广东、广西等地。

花螳科
Hymenopodidae

丽眼斑螳

Creobroter gemmata

常见的美丽螳螂种类，长相十分奇特，非常引人注意，体长约35 mm，绿色。复眼呈圆锥状向上突起，前翅中部具有一个大型的眼状斑纹。

分布于江西、福建、四川、重庆、海南、广东等地。

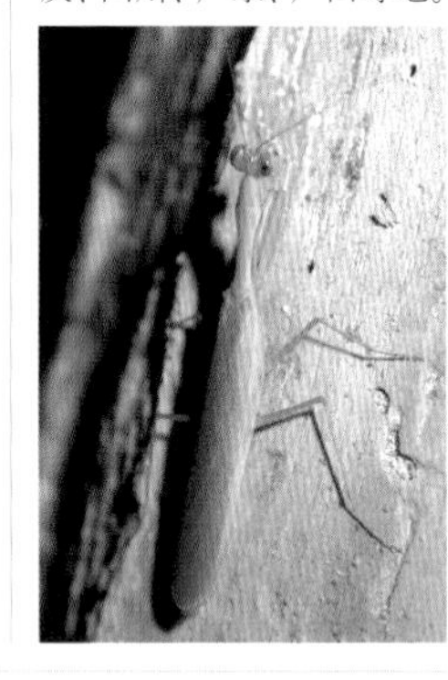

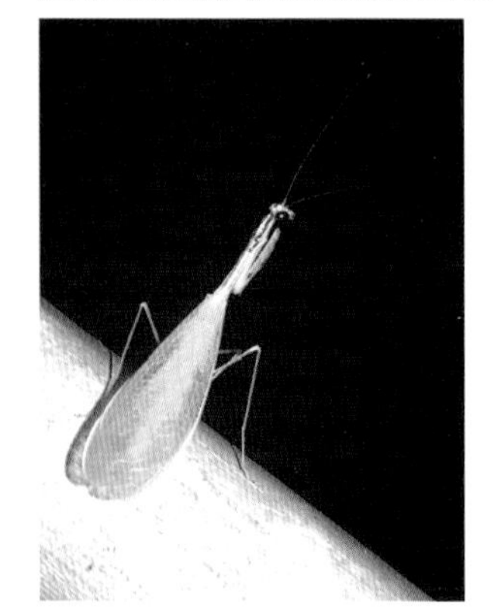

越南小丝螳

Leptomantella tonkinae

小型纤细的种类，体长仅30 mm左右。头较窄，前翅乳绿色，前胸背板中央隆起两侧带有细小黑点组成的黑线。

小丝螳飞翔动作轻盈，生活在丛林中，不易被人们发现，但有时会到灯下捕食小虫。分布于广西、重庆、福建、云南等地。

蠼螋(earwig)是革翅目昆虫的统称，全世界已知约2000多种，中国已知200余种。多分布于热带、亚热带地区，温带较少。本目为中、小型昆虫，体长而扁平。头前口式，触角丝状；多具翅，前翅短，革制；后翅大部分膜质，伸展时呈扇形；尾须发达，雄性成虫的尾须常呈铗形或钳形。蠼螋的发育属渐变态类。1年发生1代。卵多产，雌虫产卵可达90粒。卵椭圆形，白色。雌虫有护卵育幼的习性。雌虫在石下或土下做穴产卵，然后伏于卵上或守护其旁，低龄若虫与母体共同生活。

蠼螋多为夜行性，白天伏于土壤中、石块下、树皮上、杂草间。虽有翅，但很少飞翔。少数种类有趋光性。多为杂食性。

蠼螋科 Labiduridae

钳螋

Forcipula sp.

体形较大的蠼螋，较狭长；体表具光泽，非常深的褐红色，足为浅黄色；尾铗发达且较长，特别是雄性，尾铗中部有一个强度弯曲。

夜间活动的昆虫，常在路灯下捕食其他小型昆虫。主要分布于西南和华南地区。

球螋科 Forficulidae

乔球螋

Timomenus sp.

中型蠼螋，前胸背板两侧和鞘翅颜色较淡，体色为暗红褐色；身体细长，前后翅发达，鞘翅两侧平直，后缘接近横直；后翅露出部分白色，很像是身体上带有白色斑纹。

经常在草丛中发现；主要分布于长江以南的广大地区。

直翅目 Orthoptera

直翅目昆虫包括蝗虫、蚱蜢、螽斯、蟋蟀、蝼蛄、蚤蝼等。体形多数较大或中等。头多为下口式，少数前口式。口器为典型的咀嚼式。触角较长，多节，呈丝状、剑状、棒状等。

变态类型为渐变态，一生经过卵、若虫、成虫3个阶段，幼期形态和生活习性与成虫相似。

直翅目昆虫为典型的陆生种类。大多数蝗虫生活在地面，螽斯生活在植物上，蝼蛄生活在土壤中。绝大多数种类为植食性并为典型的多食性，取食植物叶片等部分。螽斯科有部分种类为肉食性或杂食性，取食其他昆虫和小动物。直翅目昆虫中有许多种类是农、林、园艺等的重要害虫。有些蝗虫能够成群迁飞，加大了危害的严重性。

全世界直翅目昆虫已知有20 000种以上，中国已知近千种。

蟋螽科 Gryllacrididae

杆蟋螽 *Phryganogryllacris* sp.

中型螽斯，体长25 mm左右；黄绿色，触角长，前翅部分黑褐色，尾须不分节，各足腿节刺发达；雌虫产卵器扁且细长。

通常生活在草丛中，有时在灯下可以见到；分布于西南地区。

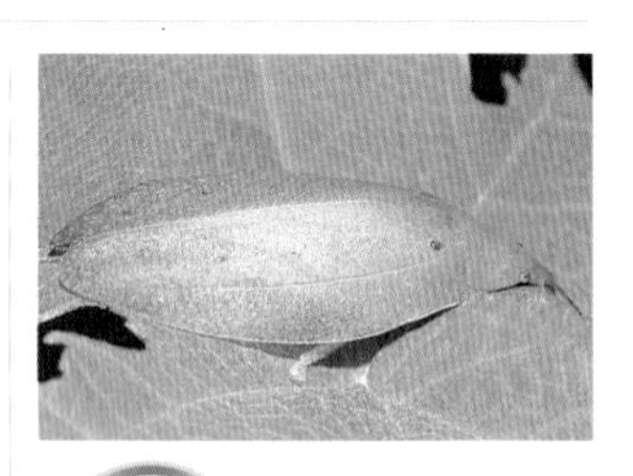

拟叶螽科 Pseudophyllidae

中华翡螽 *Phyllomimus sinicus*

中等偏大的螽斯，体长23 mm左右；头部锥形，前翅酷似叶片，嫩绿色，与身体颜色一致。此种栖息的姿态极为特殊，很像一片树叶轻轻的散落在其他叶片上。

常见于草丛中；分布于陕西、湖北、重庆、四川、江西、广东、福建、台湾等地。

螽斯科
Tettigoniidae

暗褐蝈螽

Gampsocleis sedakovii

中等偏大的螽斯，体长约35～40 mm；体色通常为草绿或褐绿色；头大，前胸背板宽大，马鞍形；前翅较长，超过腹端，翅面具有草绿色条纹并布满褐色斑点，呈花翅状；俗称吱拉子、夏蝈，著名的鸣虫。

常在花鸟市场见到；分布于北京、河北等地。

纺织娘科
Mecopodidae

日本纺织娘

Mecopoda niponensis

大型螽斯，较为粗壮，体长可达34 mm；头部短，头顶极宽，颜面近于垂直；翅很大且较宽，前翅稍超过后足股节的端部，后翅短于前翅；身体通常为绿色或褐色。

见于灌木丛中，分布于贵州、重庆、四川、广西、江西、湖南、福建、安徽、江苏、浙江、上海、陕西等地。

露螽科
Phaneropteridae

条螽

Ducetia sp.

中型螽斯，体长约18 mm左右；头顶尖角形，侧扁；前翅较长，后翅长于前翅；体淡绿色，带有少许黄褐色的线条；雌性产卵器扁平，马刀状。

生活于低矮的灌木和草丛中；主要分布于南方各地。

蝼蛄科 Gryllotalpidae

体长30 mm左右，前足为开掘足，具有发达的齿耙状构造，适合挖土；前翅短，卵圆形，后翅较长。

通常生活在土中，夜间有较强的趋光性；分布于我国广大地区。

东方蝼蛄 *Gryllotalpa orientalis*

蛉蟋科 Trigonidiidae

虎甲蛉蟋 *Trigonidium cicindeloides*

小型蟋蟀，体长约5 mm左右；体黑色，有光泽；头部及前胸背板具有白色绒毛；各足腿节黄色，前中足胫节黑色。

白天活动，生活在树林边缘地带及草丛中，主要分布于南方地区。

黑足墨蛉 *Homoeoxipha nigripes*

长翅型

体小型，细长，体长5.5 mm左右；体黑色。头部暗褐色，触角淡黄色，基部两节黑色；前胸背板暗褐色至暗黑色；前足和中足暗褐色，跗节淡黄色。后足股节基部2/5为淡黄色，端部3/5为暗黑色；后足胫节淡黄色，端部稍暗色。前翅烟色，缺较明显的暗色斑纹。

生活在草丛中，经常会飞到灯下；分布于浙江、湖南、贵州等地。

蟋蟀科
Gryllidae

乌头眉纹蟋蟀
Teleogrrllus occipitalis

大型蟋蟀，体长25 mm左右；最明显的特征是复眼中间有黄褐色的八字型斑纹。

生活在山地、平原等处；分布广泛。

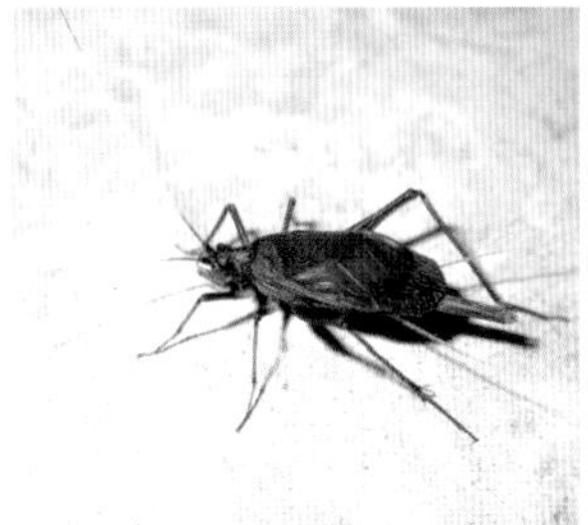

珠蟀科
Phalangopsidae

日本钟蟋
Homoeogryllus japonicus

中型蟋蟀，体长20 mm左右；黑褐色，头部小，触角灰白色；翅卵圆；整个身体呈瓜子形；与常见蟋蟀外形差异较大。

生活在林地边缘的灌木丛和草丛中，夜间活动的昆虫，有时可在灯下发现；分布于国内广大地区。

树蟀科
Oecanthidae

树蟋
Oecanthus sp.

小型种类，体细长，约15 mm左右；前口式，前胸背板长，足细长，淡绿色，看上去较为柔弱。

常发现于灌木丛中，俗称竹蛉；分布较为广泛。

斑腿蝗科
Catantopidae

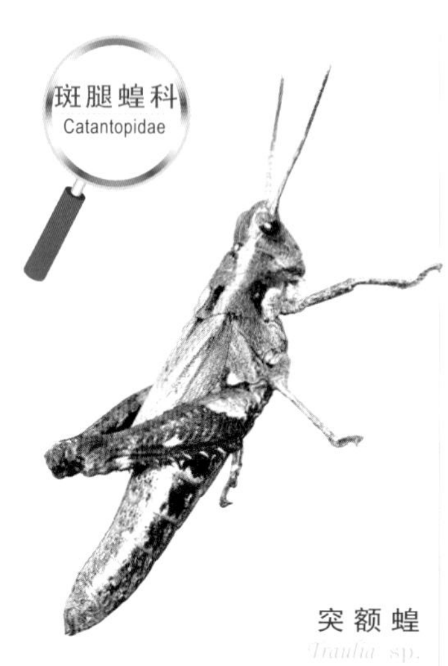

突额蝗

Traulia sp.

中型蝗虫，体长约30 mm；黑褐色，复眼上方向后具米黄色纵带，前胸有明显的黑斑；翅短小，无法盖住腹部；后足腿节黑斑明显。

主要生活在林地边缘，草丛中；分布于西部地区。

山稻蝗

Oxya agavisa

中型蝗虫，体长23 mm左右；体黄绿色，自复眼后方至前胸背板两侧，带有明显的黑褐色条纹；后足胫节绿色；体较为粗壮，前翅短，只到达后足腿节的一半。

多见于草丛中，分布于湖北、江西、福建、广东、重庆、四川、云南等地。

棉蝗

Chondracris rosea

几乎可以算是最大型的蝗虫，体长55~85 mm；体色以绿色为主，各足的胫节有明显的红色；非常容易识别。

常见于平原及低山地区，秋天大量出现；分布于华北、华东、西南、西北等广大地区。

红褐斑腿蝗
Catantops pinguis

中型蝗虫，体长25～35 mm左右；体褐色或淡红褐色，后胸前侧有一条淡黄色斜纹，后足股节橙红色。前胸背板平，前翅狭长，超过后足股节。

常见于草丛中，分布于国内各地。

锥头蝗科
Pyrgomorphidae

短额负蝗
Atractomorpha sinensis

中型蝗虫，体长20～40 mm；体色单一，为绿色或褐色；头部尖，且突出；触角剑状；后翅淡红色。

常见的种类，一般出现在草丛中，通常称作“尖头蚂蚱”；国内大多数地方都有分布。

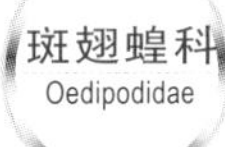

花胫绿纹蝗
Aiolopus tamulus

中型蝗虫，体长约30 mm；体褐色，前翅带有大块黑斑，其他位置则散生小型黑斑，并带有若干绿色条纹和斑纹。

生活在山区，常在山路上见到；分布于东北、华北、西北、西南、华南等广大地区。

竹蝗

Ceracris sp.

中型蝗虫，体长35mm左右，体黄绿色，触角黑色，端部淡色；前胸背板有两条黑色带；后足腿节黄绿色，膝部黑色，具有黄色环状斑。

常见的竹类害虫，分布于西南地区。

突眼蚱

Ergatettix sp.

蚱　科
Tetrigidae

小型蝗虫，体长10mm左右；头部极为突出，明显高于前胸背板，复眼明显突出，圆形；前胸背板后突极长，略短于伸直后的后足胫节；前翅卵形，后翅发达；体色以暗褐为主。

常见于略微平坦的水边、山路旁，善飞行；分布于西部地区。

日本蚱

Tetrix japonica

小型蝗虫，体长9mm左右；前胸背板后突短于腹部的长度；前翅卵形，后翅较为发达；体黄褐色或暗褐色，前胸背板部分个体无斑纹，也有部分个体具有两个方形黑斑。

常见种类，分布于全国各地。

蚤蝼科
Tridactylidae

蚤蝼

Xya sp.

小型昆虫，体长4mm左右；通体深黑色，带有黄白色细纹；后腿腿节极为粗大，跳跃能力很强。

多栖息于潮湿的沙质地表，会挖土穴居；分布全国各地。

竹节虫目
Phasmatodea

竹节虫(stick-insect)为中型或大型昆虫，最长可达26～33cm，其中的一些种类为现在昆虫中体型最长的。头小，前胸小，中胸和后胸伸长，有翅或无翅，有的形似竹节，当6足紧靠身体时，更像竹节，故称竹节虫。多以灌木和乔木的叶片为食，为害森林。多数竹节虫的体色呈深褐色，少数为绿色或暗绿色；也有的具有翅，平展时颇似干枯叶片，称为叶子虫。由于体色为绿色或黄褐色，体形也与栖息地极为相似，因此常将它们作为拟态的典型代表动物之一。竹节虫白天很少活动，体色和体型都有保护作用。夜间寻食叶片，口器为咀嚼式。发育为渐变态。种类很多，全世界约有3000余种，主要分布在热带和亚热带地区。我国已知近300余种。

竹节虫科
Phasmatidae

四面山龙竹节虫

Parastheneboea simianshanensis

外观奇特的小型竹节虫，雄性体长45mm左右，无翅。身体绿色，带有大片黑褐色斑。最为突出的特点是从头部到腹部，每一体节上都有数目不等的刺。

与其他种类的竹节虫相比，该种竹节虫十分活跃，受到惊吓后快速爬行。分布于重庆山区。

曲腹华笛竹节虫

Sinophasma curvatum

笛竹节虫科 Diapheromeridae

较小的竹节虫，体长60 mm左右；身体细杆状，复眼半球形，突出，触角丝状；前翅革质，非常小，后翅膜质，较为发达；雄性第9腹板极为膨大。

发现于林间，取食壳斗科植物树叶；分布于重庆等地。

啮虫(psocids)是一类小型昆虫，全世界已知约3000种，中国已知1500多种；啮虫多分布于温暖地带，但也有一些种类生活在较冷地区。室内常见的被称作书虱。

啮虫体小而脆弱，长不到6 mm。通常有翅或翅退化成小翅型，也有无翅的。口器咀嚼式，上颚强大；有翅型具膜质翅2对，前翅大，后翅小。前翅多有斑纹，并有翅痣。不完全变态，1年1~3代。

啮虫多生活在树皮、篱笆、石块、植物枯叶间、鸟巢以及仓库等处，在潮湿阴暗或苔藓、地衣丛生的地方常见。有群居习性。爬行活泼，不喜飞翔。以地衣、苔藓或其他植物为食。无翅种类多生活在室内，为害书籍、谷物、衣服、动植物标本和木材等。

啮虫科 Psocidae

触啮

Psococerastis sp.

通常有翅，较大型的啮虫，体长约4~5 mm；触角长，翅上带有斑纹，非常淡雅、美丽的种类。

若虫常群居于树干上，活动迅速；成虫有些单独行动，发现于树干、墙壁等处；分布于南方广大地区。

俗称羽虱(bird lice)。体长0.5～10 mm，一般不超过5 mm。长卵圆形或宽圆形，扁平，通常淡黄色。头近似三角形，触角短，口器咀嚼式；足攀援式，无翅，善于爬行。常寄生在鸟类，少数寄生在哺乳动物的体外，食毛屑、鳞屑及皮肤分泌物，并传播禽类疾病。也有少数种类吸取寄主的血液。世界已知4 500多种，我国有近千种。

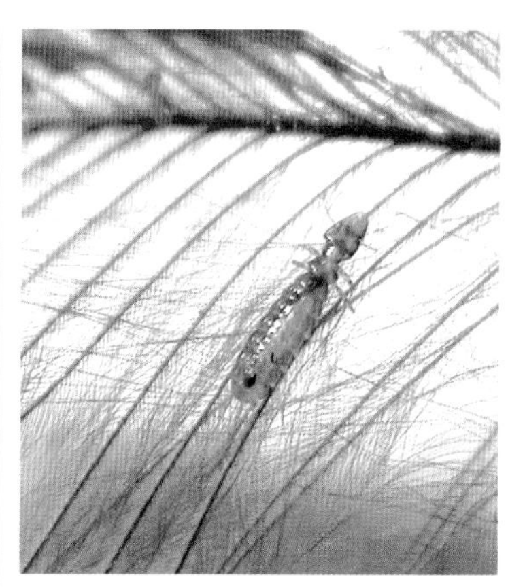

长角鸟虱
Anaticola sp.

长角鸟虱科
Philopteridae

小型寄生性昆虫，约2 mm左右；生活在鸟类羽毛上，在羽毛间活动；头部三角形，足为攀援足，可以牢固地抓住羽毛。

在鸟类羽毛上经常可见；分布于国内各地。

缨翅目
Thysanoptera

俗称蓟马 (thrips)，其名称来自人们经常在大蓟、小蓟等植物的花中发现它们。蓟马个体小，行动敏捷，能飞善跳，多生活在植物花中取食花粉和花蜜，或以植物的嫩梢、叶片及果实为生。在蓟马中也有许多种类栖息于林木的树皮与枯枝落叶下，取食菌类的孢子、菌丝体或腐殖质。此外，还有少数捕食蚜虫、粉虱、蚧壳虫、螨类等，成为害虫的天敌。

体长一般为0.5～7 mm，也有少数种类体长可达8～10 mm。体细长而扁，或为圆筒形；颜色为黄褐、苍白或黑色，有的若虫红色。有翅种类单眼2～3个，无翅种类无单眼。口器锉吸式。翅狭长，边缘有很多长而整齐的缨状缘毛。世界已知约6 000种，广泛分布。我国已记载300多种。

眼管蓟马

Ophthalmothrips sp.

管蓟马科 Phlaeothripidae

较大型的蓟马种类，约3 mm左右；管蓟马最突出的特征是腹部末端成圆管状，被称作"尾管"；本种管蓟马无翅，成虫黑色，若虫红色。

成群生活在倒伏的树干长出的菌类上面；分布于西南地区。

同翅目 Homoptera

同翅目是一类常见的昆虫，全世界已知45000种，我国3000多种。同翅目特点是种类多、数量大，繁殖力强，农林业生产上极难防治的害虫如蚜虫、飞虱、叶蝉、介壳虫、蝉等均属此目。但同翅目也包括许多重要资源昆虫如白蜡虫、紫胶虫、五倍子等。

同翅目昆虫的主要形态特征包括：口器刺吸式，前翅质地均一，膜翅或革质。

同翅目昆虫全部为植食性，刺吸植物汁液；渐变态；多数两性生殖，有的行孤雌生殖（蚜、蚧、粉虱）；一些种类有雌雄二型（蚧雄虫有翅，雌虫无翅）和多型现象（飞虱长翅与短翅）。

现代昆虫学认为同翅目应当属于半翅目的一个组成部分，在这里，我们仍然采纳传统的分类方法。

龙眼鸡

Fulgora candelaria

蜡蝉科 Fulgoridae

色彩艳丽，长相独特的大型蜡蝉，成虫从复眼到腹末长20 mm，头前突长17 mm；前翅斑纹交错，底色为墨绿色；成虫和若虫有很强的弹跳能力。

南方蜡蝉的代表，若虫及成虫取食多种南方果树如龙眼、荔枝、黄皮、番石榴等的汁液；主要分布在湖南、福建、广东、香港、广西、云南。

斑衣蜡蝉

Lycorma delicatula

大型蜡蝉，体长17mm左右，翅展50mm上下。一龄若虫，体黑色，带有许多小白点；末龄若虫最漂亮，通红的身体上有黑色和白色斑纹。成虫后翅基部红色，飞翔时很引人注目。

成虫、若虫均会跳跃，在多种植物上取食活动，最喜臭椿；分布于北京、河北、山东、江苏、浙江、河南、山西、陕西、广东、台湾、湖北、湖南、重庆、四川等地。

东北丽蜡蝉

Limois kikuchi

中型蜡蝉，成虫体长10mm，翅展33mm；头、胸青灰褐色，分布大小不等的黑斑；前胸背板肩有圆形黑斑，中胸背板侧脊线外有大黑斑1个；前翅近基部1/3处米黄色，散生褐斑，外侧有不规则大形斜纹褐斑，其余部分透明。

常见于林间树干之上，分布于东北、华北一带。

蛾蜡蝉科 Flatidae

碧蛾蜡蝉

Geisha distinctissima

碧绿、美丽的种类，体长7mm，翅展21mm；栖息时双翅竖起，形似小嫩叶；翅端部近直角；前翅自前缘中后部开始有1条红色的虚线状细纹直达后缘基部。

常见于路边灌木丛中，有时在同一植株上可以发现多个聚集；分布于东北、华东、华南、华中、西南等广大地区。

褐缘蛾蜡蝉

Salurnis marginella

漂亮的种类，体长7mm；头部黄赭色；触角深褐色，端节膨大；中胸背板发达，有红褐色纵带四条，其余部分为绿色；腹部侧扁灰黄绿色，覆盖有白色蜡粉；前翅绿色或黄绿色，边缘完整。

常见为害多种木本植物，分布于安徽、江苏、浙江、重庆、四川、广西、广东等地。

广翅蜡蝉科

Ricaniidae

透明疏广翅蜡蝉

Euricania clara

成虫体长约6mm，翅展通常超过20mm；身体黄褐色余栗褐色相间；前翅无色透明，略带有黄褐色，翅脉褐色，前缘有较宽的褐色带；前远近中部有一黄褐色斑。

常成群出现在洋槐、枸杞等植物的枝条上；分布于陕西、重庆等地。

柿广翅蜡蝉

Euricania sublimbata

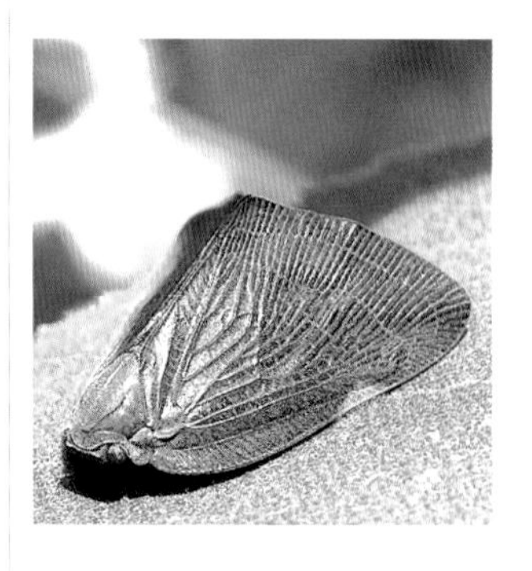

成虫体长约7mm，翅展约22mm；全体褐色至黑褐色，前翅宽大，外缘近顶角1/3处有一黄白色三角形斑，后翅褐色，半透明。若虫黄褐色，体被白色蜡质，腹末有蜡丝。

近年在很多地方对栀子、小叶青冈、山胡椒、母猪藤、莎苹果等作物造成危害；分布于黑龙江、山东、湖北、福建、台湾、重庆、广东等地。

缘纹广翅蜡蝉

Ricania marginalis

体长7 mm，翅展21 mm左右；体褐色至深褐色；前翅同样为深褐色，后缘颜色稍浅，前缘有1个三角形透明斑，后缘则有一大一小两个不规则透明斑，翅缘散布细小的透明斑点；翅面散布白色蜡粉；后翅黑褐色半透明。

在很多植物枝条上均有发现；分布于浙江、湖北、重庆、广东等地。

象蜡蝉科

Dictyopharidae

中华象蜡蝉

Dictyophara sinica

体长9 mm，翅展20 mm；身体呈淡绿色；头突锥状，伸向前方，故称之为象蜡蝉；翅透明，翅痣淡褐色。

常发现于草丛中；分布于陕西、重庆、四川、浙江、广东、台湾等地。

红袖蜡蝉

Diostrombus politus

袖蜡蝉科

Derbidae

体长4 mm，翅展18 mm左右。通体金红色；前翅淡黄褐色，透明，前缘颜色略深；后翅极小，也为黄褐色，半透明。

见于草丛中，色彩诱人；分布于东北、华东、华中、西南等地。

蝉 科
Cicadidae

松寒蝉

Meimuna opalifera

中型蝉，体长约30 mm；头部及胸部带有黑色和褐色相间的斑纹，腹部黑色；前翅端部有两个黑色斑；雌性管状产卵器外露。

成虫夏季出现，多见于低海拔地区，鸣声变化较大，悦耳；分布于南方各地。

程氏网翅蝉

Polyneura cheni

非常艳丽的蝉，体长40 mm，翅展100 mm；体黑色，复眼红色；前胸前缘为暗黄色带，后缘也为暗黄色；中胸中部带有两个大型黄褐色角状斑；腹部多有白色蜡粉；前翅赭色，翅脉绿色，分为两个区；后翅橙黄色为主。

见于植被环境非常好的林区，分布于四川、重庆等地。

蚱 蝉

Cryptotympana atrata

大型蝉类，体长45mm左右；全身漆黑，胫节带有红斑，翅透明，翅脉红色。

夏天的常见种类，多发生在低海拔，甚至城市边缘地区；经常大规模群蝉共鸣，“咋～咋～”声不断，震耳欲聋；分布于全国各地。

蟪蛄

Platypleura kaempferi

较小型的蝉类，体长约23mm；体形短粗；前翅斑纹很多，后翅除外缘透明之外，均为黑色。

成虫出现在夏天的大小树干上，擅长鸣叫，常发出“滋～滋～”的叫声；分布于国内广大地区。

螂蝉

Pomponia linearis

大型蝉，雌虫体长近50mm，雄虫不足40mm；身体黑色带有绿色斑纹，腹部黄褐色，末端白色；雄虫腹部较长；拿到手中观察可以发现，其腹部中空，呈透明状，故有人称之为空腹蝉。

夏天出现，多见于中低海拔的树林中，白天间歇性的鸣叫（叫声为带有尾音的“唧～唧唧唧”），声势壮观，成为林虫相映成趣的生态景观；广布于我国南方各地。

沫蝉科
Cercopidae

黑斑丽沫蝉

Cosmoscarta dorsimcula

成虫体长16mm左右；头部橘红色；前胸背板橘黄至橘红，近前缘有两个小黑点，后缘有两个近长方形的大黑点；前翅除月状区为黄褐至棕褐色外，其余部位为橘红或橘黄，上有7个黑点。

通常栖息于核桃、野葡萄、菊年及艾等，吸食其汁液。分布于江苏、江西、重庆、四川、贵州、广东等。

紫胸丽沫蝉

Cosmoscarta exultans

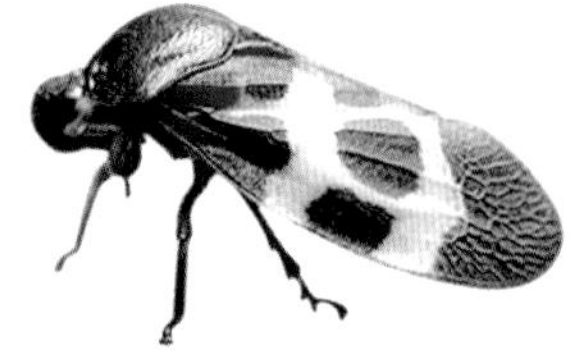

美丽的种类，体长约14mm；头及前胸背板蓝黑色，带有光泽；小盾片及前翅基部血红色；前翅端部黑色，中间黄白色，有6个大型斑点排成两列。

常聚集在灌木上；分布于湖北、江西、福建、重庆、四川、广东、广西、贵州、云南等地。

白纹象沫蝉

Philagra albinotata

尖胸沫蝉科
Aphrophoridae

长相奇特的沫蝉，体长11mm左右；身体和翅均暗褐色；具有短而细的头突；前翅前缘在近翅尖方向有1个米黄色带状斑。

分布于北京、陕西、江苏、安徽、浙江、湖北、江西、福建、广西、重庆、四川、贵州、云南等地。

大青叶蝉

Cicadella viridis

叶蝉科
Cicadellidae

成虫体连翅长近10mm；全身青绿色，头部面区淡褐色，两侧各有1组黄色横纹；头部冠区淡黄绿色，有1对黑斑；前胸背板前缘区淡黄绿色，后部大半深青绿色；前翅蓝绿色，边缘淡白色。

成虫喜聚集于矮生植物。成虫、若虫均善跳跃；寄主有高粱、玉米、水稻、豆类、梨、杨等；分布很广，北起黑龙江，南至福建、四川都可见到。

角胸叶蝉

Tituria sp.

体长约15mm左右；体绿褐色相间；头部扁，片状；前胸背板外缘外突，呈角状；前翅革质，半透明。

有时可在草丛中发现，也常见于灯下；分布于西南地区。

丽叶蝉

Calodia sp.

美丽的小型种类，头至翅端约8mm；身体呈暗紫色并夹杂有红色。

常发现于林地周围的草丛中；分布于西南地区。

大叶蝉

Bothrogonia sp.

体长约11mm；头、胸部及小盾片带有若干黑色圆形斑点；复眼黑色；前翅土黄色，带有灰白色细纹；足土黄色，其中胫节和腿节交界处均为黑色；体表有白色蜡质粉末覆盖。

常见于草丛及灌木丛中，行动敏捷；分布于重庆等地。

锚角蝉

Leptobelus sp.

小型种类，头部到翅的端部大约长10mm；本种体背的犄角形锚状突起发达，左右的犄角宽度与体长接近，纵向的犄角向后延伸几乎达到翅的端部。

常发现于灌木之上，善跳跃；分布于我国西部地区。

草履蚧

Drosicha corpulenta

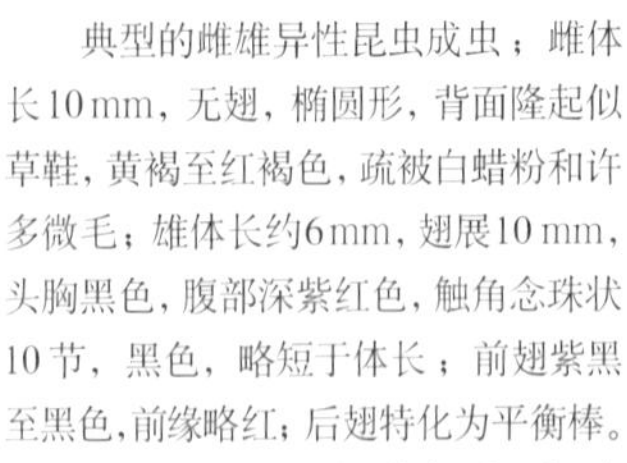

典型的雌雄异性昆虫成虫；雌体长10mm，无翅，椭圆形，背面隆起似草鞋，黄褐至红褐色，疏被白蜡粉和许多微毛；雄体长约6mm，翅展10mm，头胸黑色，腹部深紫红色，触角念珠状10节，黑色，略短于体长；前翅紫黑至黑色，前缘略红；后翅特化为平衡棒。

春天和夏天出现；分布于河北、山西、山东，陕西、河南、青海、内蒙古、浙江、江苏、上海、福建、湖北、贵州、云南、重庆、四川、西藏等地。

吹棉蚧

Icerya sp.

较大型的介壳虫种类，雌虫7mm左右；体色呈红褐色，被白色蜡质粉末完全覆盖，并形成条状隆起，隆起部分呈黄色或橙黄色，背面尚生有银白色的细长蜡丝。

多生活在低海拔地区，是很多栽培植物的大害虫；分布南方各地。

过去曾称这一类昆虫为椿象，现在一般称蝽，俗名臭板虫、臭大姐等。蝽的口器刺吸式，前翅为半鞘翅；多具嗅腺。

半翅目全世界已知3万多种，我国已知2000余种，其中许多为重要的农林害虫，也有不少为捕食性天敌，还有的为水生或水面生活。

尺蝽

Hydrometra sp.

尺蝽科
Hydrometridae

体长大约5 mm；体形为较为细长的杆状，头部强烈向前伸长，复眼相对较小，位于头的中间，触角细长。

尺蝽跟水黾生活习性相似，但较难见到，也善于水面行走，多在有水生植物的静水处以爬行方式活动；分布于重庆等地。

水黾

Gerris sp.

黾蝽科
Gerridae

成虫体长接近45 mm；身体细长，动作轻盈；前足较短，用来捕捉猎物；中后足细长，常具有油质的细毛，具有防水作用。

常在平原及山区的池塘和积水处发现，以其他小动物为食；分布于全国各地。

蝎蝽科
Nepidae

中华螳蝎蝽
Ranatra chinensis

体长43mm左右；体色为黄褐色，体及各足均细长；镰刀状的捕捉足十分发达、灵活，外形酷似螳螂；腹部末端带有细长的呼吸管。

多在静水水域的水草间觅食；分布于河北、山西、陕西、湖北、湖南、重庆、贵州等地。

负子蝽科
Belostomatidae

大负子蝽
Diplonychus rustica

体长16mm左右；身体扁平，椭圆形；前足为镰刀状捕捉足，后足为具有毛列游泳足。

常见的水生椿象，雌虫将卵产在雄虫背上，直到若虫孵化，故称做负子蝽；分布于全国各地。

长壮蝎蝽
Laccotrephes robustus

成虫体长40mm，宽10mm；体型扁平，深褐至灰褐色；头小，复眼球形；前足发达，为捕捉足；中、后足为步行足；腹部末端有细长的呼吸管，长达38mm而与体长接近。

在河流、池塘、湖泊等水域活动，捕食其他水生小动物；分布于辽宁、河北、江苏、浙江、江西、山东、重庆、湖北、湖南等地。

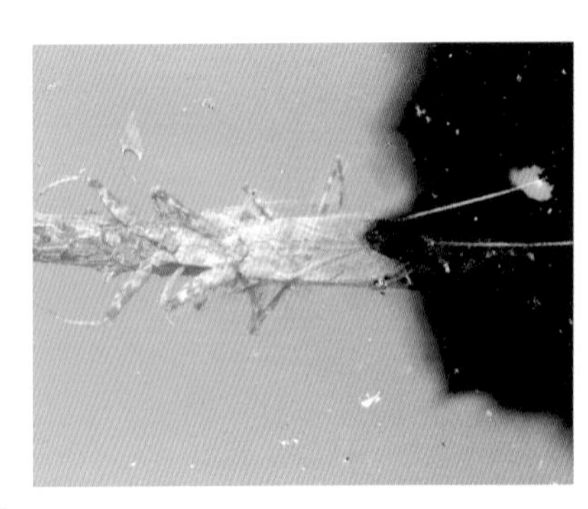

小仰蝽
Anisops sp.

仰蝽科
Notonectidae

体长10mm左右；身体狭长，向后逐渐狭尖，呈优美的流线型。灰白色，终生以背面向下，腹面向上的姿势在水中生活。整个身体背面纵向隆起，呈船底状。腹部腹面下凹，有一纵中脊。后足很发达，压扁成桨状游泳足，休息时伸向前方。

常在水中捕食其他昆虫等小动物；分布于各地。

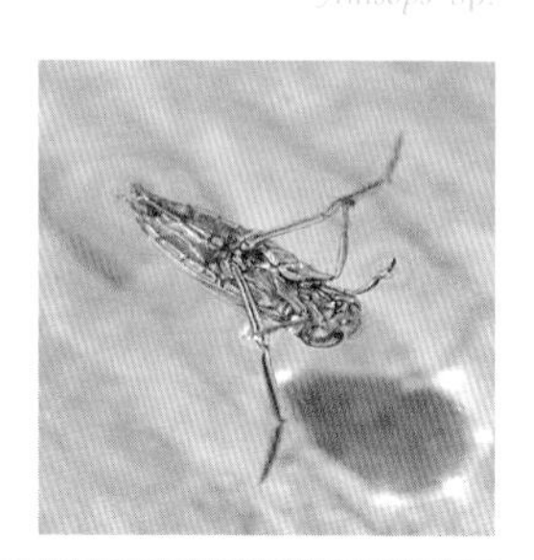

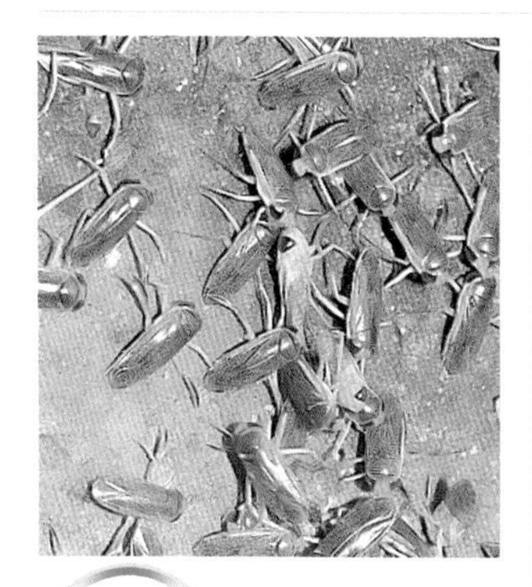

黑光猎蝽
Ectrychotes andreae

猎蝽科
Reduviidae

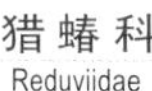

体长接近15mm，黑色种类，带有蓝色光泽；腹面大部分红色。

常见于草丛中，分布于华北、西北、华东、西南、华南等地。

横纹划蝽
Sigara sp.

划蝽科
Corixidae

小型种类，体长5mm左右；体狭长，成两侧平行的流线型；在较淡的底色上具有很多小而且细的斑纹，容易识别；头部后缘覆盖在前胸背板上；前足一般粗短，后足为游泳足。

生活在各种静水和缓慢流动的水体中，从小水塘到大湖泊都可见到；分布于全国各地。

环斑猛猎蝽

Sphedanolestes impressicollis

成虫体长18 mm；头部尖长，有细颈，活动自如；身体黑色光亮，有黄色环斑，本种色泽深浅及色斑大小变异颇大。

捕食森林害虫，常发现于草丛中；分布于河北、江苏、浙江、安徽、福建、江西、山东、湖北、湖南、广东、广西、重庆、四川、贵州、云南、台湾等地。

白斑素猎蝽

Epidaus famulus

体长18 mm左右；身体细长，体色淡褐，前胸背板、小盾片以及前翅革质部分密布白色绒毛状小斑点；前胸背板连同外缘角一共有4个尖刺。

生活在林区，以各种昆虫为食，有强烈的趋光性；分布于浙江、江西、重庆、四川、贵州、福建、广东、广西、云南、海南等地。

六刺素猎蝽

Epidaus sexspinus

体长19 mm左右；狭长的种类，体黄褐色；体表大部分黄白色短毛；触角后端具两枚刺，前胸背板具有6枚刺。

趋光性较强，常飞到灯下捕食猎物；分布于浙江、江西、湖南、贵州、重庆、福建、广东、广西、海南等地。

云斑历猎蝽

Rhynocoris incertus

体长13 mm左右；体黑褐色，体表覆盖黄褐色绒毛；前翅膜质部分黑褐色；腹部具有黄色带状横斑。

多发现于山地林区，分布于西南地区。

扁蝽科
Aradidae

毛喙扁蝽

Mezira setosa

体形奇特的椿象，体长将近8 mm；扁平，略呈长方形，棕黑色，具棕色短毛。

本种见于林间路边的草叶上（扁蝽多在朽木树皮或落叶层下，以菌类为食）；分布于湖北、重庆等地。

蛛缘蝽科
Alydidae

点蜂缘蝽

Riptortus pedestris

成虫体长16 mm；狭长，黄褐至黑褐色，被白色细绒毛；头在复眼前部成三角形，后部细缩如颈；足与体同色，胫节色淡，后足腿节粗大，有黄斑。

成虫和若虫刺吸植物汁液，常见于城市边缘、农田附近；广泛分布于各地。

中稻缘蝽

Leptocorisa chinensis

体长15 mm左右；体色为绿色，体形、触角及足均细长；前翅革质部分褐色，膜质部分黑色。

常栖息于禾本科植物叶片上；分布十分广泛。

缘蝽科
Coreidae

稻棘缘蝽

Cletus punctiger

体长10 mm左右；体黄褐色，狭长；触角第4节纺锤形；前胸背板侧角细长，稍向上翘，末端黑，爪片端部有一白点。

喜在水稻灌浆至乳熟期的稻穗及穗茎上群集为害，分布十分广泛，遍及国内广大地区。

纹须同缘蝽

Anacanthocoris striicoris

体长20 mm左右；身体草绿或黄褐色；触角红褐色，复眼黑色，单眼红色；前胸背板较长，有浅色斑，侧缘黑色；侧角呈锐角，上有黑色颗粒；前翅革片烟褐色，膜片烟黑色，透明。

主要危害茄科、豆科植物，还危害玉米及高粱；分布于河北、北京、甘肃、浙江、江西、湖北、四川、台湾、广东、海南、云南等地。

淡娇异蝽

Urostylis westwoodi

异蝽科
Urostylidae

体长13 mm左右；草绿色，前胸背板、小盾片和前翅革质部分有褐色刻点，其中革片上的大而明显；触角第3及第4、5节段半部为黑褐色。

通常在草丛中发现，分布于河北、山西、浙江、湖北、重庆、四川等地。

伊锥同蝽

Sastragata esakii

同蝽科
Acanthosomatidae

体长11 mm左右；体椭圆形，带有较为浓密的深棕色刻点；头及前胸背板前部黄褐色；前胸背板后方褐绿色，小盾片带有大型黄色心形斑。

常见于灌木丛中，分布于江西、福建、台湾、广西、重庆、四川、贵州等地。

边土蝽

Legnotus sp.

土蝽科
Cydnidae

中形土蝽，体长9 mm左右；黑褐色，体背面隆起，身体厚实，壁坚硬，具青蓝光泽；前足胫节扁平，两侧具有强刺，适于掘土。

生活于土中，吸食植物的根部或茎的基部；分布于西南地区。

龟蝽科
Plataspidae

豆龟蝽

Megacopta sp.

体小形4 mm左右，体黄色带有斑纹，略带金属光泽；体卵圆形，背面隆起。小盾片极发达，覆盖整个腹部。

为害豆科植物，分布于贵州、重庆、四川等地。

双列圆龟蝽

Coptosoma bifaria

体小形4 mm左右，黑色带有2个白色半点，带金属光泽，体圆形，背面隆起。小盾片极发达，覆盖整个腹部。

为害多种植物，分布于安徽、湖北、江西、湖南、福建、广西、重庆、四川、贵州等地。

盾蝽科
Scutelleridae

金绿宽盾蝽

Poecilocoris lewisi

体长18mm左右；体背部底色呈鲜艳的翠绿色；前胸背板和小盾片具有艳丽对比的紫红色或粉红色条状斑纹；非常漂亮的种类。

发现于低海拔山地，分布于国内各地。

桑宽盾蝽
Poecilocoris druraei

艳丽的椿象，体长18 mm左右；通常有橙红色和土黄色2种色型；体背部有不明显的黄色斑纹；前胸背板及小盾片均为橙红色，有不明显的黄色斑。

常见于中低海拔地区，分布于广东、广西、重庆、四川、贵州、云南、台湾等地。

半球盾蝽
Hyperonous lateritius

体长10mm左右；身体褐色，呈半球形，有金属光泽，外观形似瓢虫；前胸背板褐色，有4～5个圆斑；小盾片褐色，伸达腹部末端，上有13个大小不等的圆形黑斑。

见于中海拔地区，分布于浙江、福建、重庆、四川、贵州、广东、广西、云南、西藏等地。

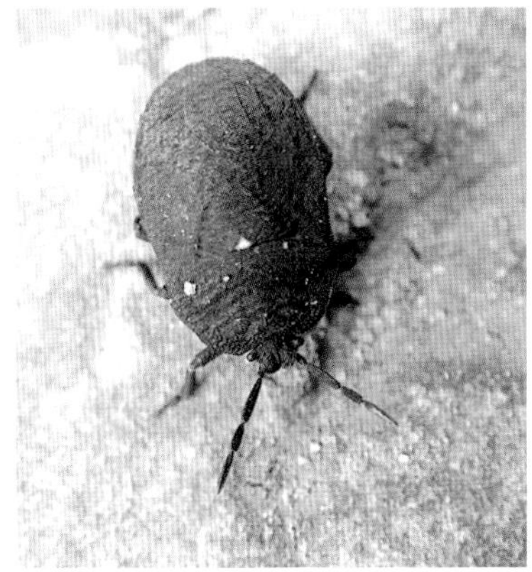

兜蝽科
Dinidoridae

小皱蝽
Cyclopelta parva

体长约14 mm；体形椭圆，红褐色，体背上有许多黑褐色细小刻点；触角4节，深褐色。

常见于草丛中，分布于全国各地。

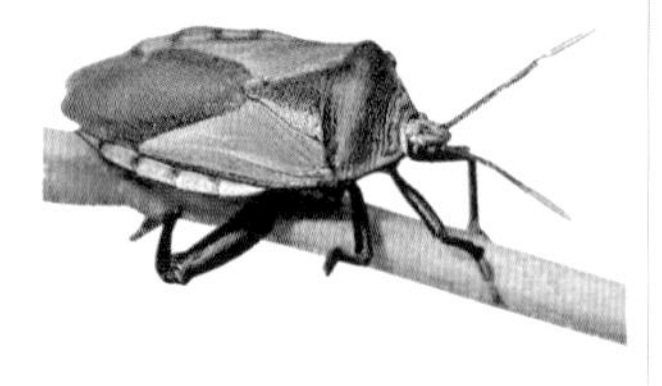

荔蝽科
Tessaratomidae

硕蝽
Eurostus validus

体长30 mm左右，体型长卵状，暗红褐色，表面泛绿色金属光泽；头小三角形，触角黑色，末节枯黄；前胸背板前缘有蓝绿光泽；小盾片有明显的皱纹。

常见于低矮的树木上，分布于山东、河南、陕西、浙江、福建、广东、广西、重庆、四川、台湾等地。

玛蝽
Mattiphus splendidus

体长25 mm左右；宽卵圆形，体绿色，略带金属光泽；触角末端淡黄色；小盾片末端及腹部各节前半段黄褐色。

发现于林间，分布于江西、湖南、福建、广东、广西、重庆、四川、贵州、云南、海南等地。

蝽科
Pentatomidae

斑须蝽
Dolycoris baccarum

体长10 mm左右，椭圆形，黄褐色，密被白色绒毛和黑色小斑点，触角5节，黑色、黄色相间；前翅革质，部分淡红褐色，膜质部分黄褐色，透明。

常见于草丛中，全国均有发生。

点斑型

黄肩型

稻绿蝽

Nezara viridula

体长13mm左右；具有多种不同色型，基本色型个体全体绿色，或除头前半区与前胸背板前缘区为黄色外，余为绿色；但部分个体表现为虫体大部分为橘红色，或除头胸背面具浅黄色或白色斑纹外，余为黑色。

为害多种作物及杂草；世界广布种，但我国主要在南方稻区局部成灾。

赤条蝽

Graphosoma rubrolineata

体长10mm；头黑色，触角棕黑色，基部两节赤黄色。小盾片的黑纹向后不变细，两侧的黑纹直达盾片边缘；身体背面有黑色及摘红色相间的纵条纹。

常在草丛的花上发现，分布于东北、华北、西北、华东、华南及西南山区。

菜蝽

Eurydema dominulus

体长8mm左右；椭圆形，橙黄色；头黑色，橙黄色或橙红色。前胸背板有黑斑6块，前排2块，后排4块；前翅革片橙红色，爪片及革片内侧黑色，中部有宽黑横带，近端处有一小黑点。

主要为害十字花科蔬菜，我国各地均有分布。

麻皮蝽

Erthesina fullo

成虫体长23 mm左右；体背黑色散布有不规则的黄色斑纹，并有刻点及皱纹；头部突出及背面有4条黄白色纵纹从中线顶端向后延伸至小盾片基部。触角黑色。前胸背板及小盾片为黑色，有粗刻点及散生的白点。

取食多种植物汁液，分布于辽宁、河北、山西、陕西、山东、江苏、浙江、江西、广西、广东、重庆、四川、贵州、云南等许多省区。

尖角普蝽

Priassus spiniger

体长18 mm左右；椭圆形，淡黄褐色；头及前胸背板前半部粉红色，并密布黑刻点。

常见于林间灌木上，分布于贵州、重庆、四川等地。

二星蝽

Eysarcoris sp.

体长5 mm左右；头部全黑色，少数个体头基部具浅色短纵纹；触角浅黄褐色，有5节；小盾片基角有2个黄白光滑的小圆斑。

常见于草丛中，分布于山西、陕西、江苏、湖北、福建、重庆、四川、广东、广西等地。

广翅目通称为泥蛉、鱼蛉和齿蛉，是脉翅类中较大的类群，世界已知300余种，广泛分布在各地区。我国已知10属70种。

大型或中型的昆虫，头部前口式，后头宽大；触角线状到栉状，细长多样；口器咀嚼式，上颚发达；前胸明显，有时延长；中后胸粗壮而相似。翅膜质但坚韧，透明或具褐斑，翅脉多分叉，脉序呈网状；后翅臀域宽广且能折叠，是原始的特征。

幼虫水生捕食水生小虫等。成虫多为夜出性，趋光；白天在水域附近的岩石或植被中静伏。

普通齿蛉

Neoeuromus ignobilis

体长通常在40 mm以上；翅展100 mm左右；头部黄褐色；胸部黄褐色，前胸两侧各有1条宽的黑色带；翅面端半部黄褐色或褐色而基半部几乎无色。腹部黑褐色。

通常在溪流边发现；分布于云南、广西、广东、重庆、四川、贵州、湖北、江西、福建、浙江、安徽、陕西、山西。

花边星齿蛉

Protohrrmes costalis

体长40 mm左右，翅展接近100 mm；头部和胸部呈黄褐色，腹部呈褐色。头顶两侧无任何黑斑且侧单眼远离中单眼为重要的识别特征；翅多处带有淡黄色斑，其中前翅基部1个较大、中部有3~4个、端部近1/3处有1个，后翅端部近1/3处有1个。

常见于水边，夜间有趋光性；分布于甘肃、河北、贵州、重庆、四川、云南、广西、广东、福建、台湾、浙江、江西、湖南、湖北、安徽、河南。

钳突栉鱼蛉

Ctenochauliodes forcipatus

小型种类，体长24mm，翅展54mm；黑褐色，头顶三角形，单眼黄色，触角栉状，黑褐色；翅略带灰褐色，局部带有不明显的云雾状斑纹。

见于水边植物上，有较为强烈的趋光性；分布于重庆、四川等地。

蛇蛉目(snakefly)是脉翅类昆虫中的一小类群，全部陆生，成虫与幼虫均为捕食性，为园林害虫的天敌。

蛇蛉目成虫体多呈黑色，具有黄斑，或为黄褐色、有黑斑；前胸延长，头也长大于宽，有细颈，腹部筒形，雌腹端有狭长的产卵器；体形似蛇而得名。

幼虫生活在疏松的树皮下或害虫的孔中，捕食蛾类和甲虫的幼虫。

世界已知150余种，我国已知15种。

盲蛇蛉

Inocellia sp.

盲蛇蛉科
Inocellidae

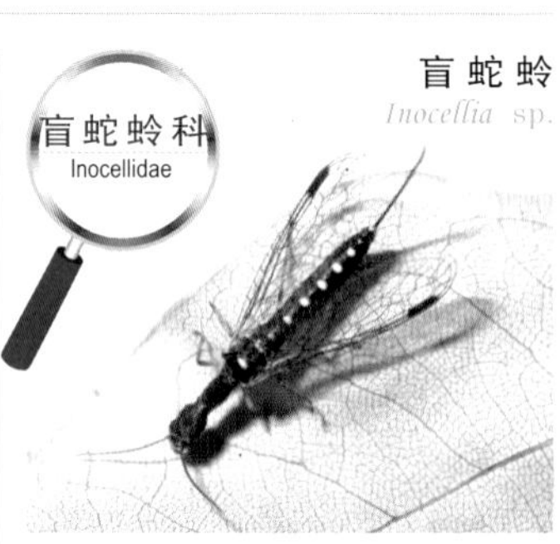

头部近似长方形，在复眼后方仍平行或更宽一些，然后再收狭成颈，复眼半球形凸于头侧，没有单眼，故称之为盲蛇蛉；翅痣内侧及痣内均无横脉，是简易识别特征。

成虫通常在松树上捕捉害虫；分布于西南地区。

脉翅目昆虫大多数是天敌昆虫，全变态。主要特征是：成虫头部为下口式，触角的变化较大，一般为念珠状或线状，有的呈栉状、棒状或球杆状等；翅脉绝大多数均复杂似网状，横脉很多，翅前缘有一列前缘横脉。

大多陆生，少数水生（水蛉、泽蛉、溪蛉），螳蛉为寄生性，属复变态。

全世界已知4 500种，中国已知近700种。

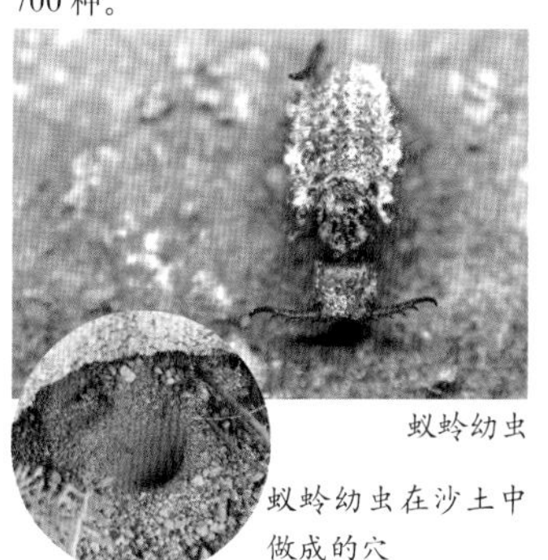
蚁蛉幼虫

蚁蛉幼虫在沙土中做成的穴

溪蛉科 Osmylidae

黔窗溪蛉

Thyridosmylus qianus

中等大小的脉翅目昆虫，翅展约40mm；褐色为主，头顶、胸部、足、触角等处黄色；复眼大而隆凸；前后翅均带有若干褐色斑点。

溪蛉的幼虫多在水边栖息，捕食小虫；成虫常见于溪流附近的植物上，有趋光的习性。分布于重庆等地。

褐蛉科 Hemerobiidae

三角褐蛉

Hemerobius sp.

翅展15mm左右；体褐色为主；前翅卵圆形，有不规则的褐色斑纹。

成虫喜欢栖息于针叶林中；分布于西南地区。

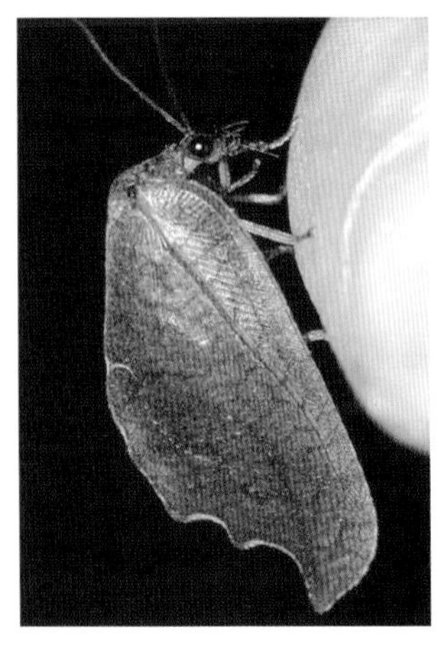

广褐蛉

Megalomus sp.

翅展15mm左右；体黑褐色，头部颜色稍淡，前翅有许多各种形状的黑褐色斑纹。

成虫具有趋光性；分布于重庆等地。

双沟大褐蛉

Drepanepteryx phalaenoides

较大型的褐蛉，翅展18mm左右；前翅大刀状，外缘有两个钩角，外观奇特。

成虫多栖息于落叶树树林中；分布于我国北方及西南等地。

草蛉科
Chrysopidae

草蛉

体中型约16mm，绿色；头部具有铜色复眼；触角长，丝状，无单眼。前缘区有30条以下的横脉，不分叉。

幼虫捕食蚜虫，称为蚜狮；分布于我国广大地区。

川贵蝶蛉

Balmes terissinus

蝶蛉科
Psychopsidae

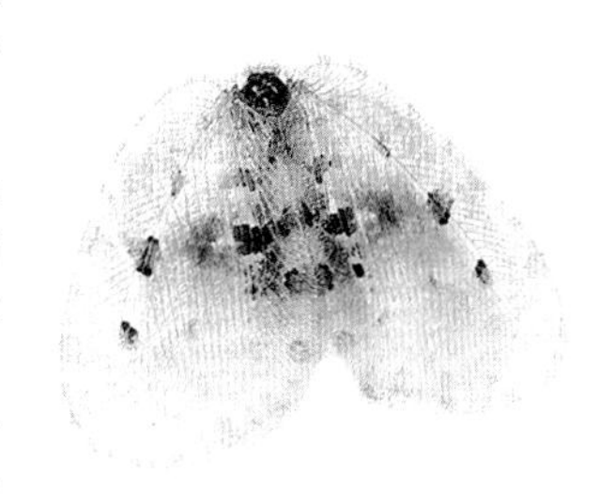

体中型，翅展25 mm左右；头部褐色，复眼隆突于两侧，触角极短、念珠状；翅宽大具有许多大型斑点，美丽似蝶。

幼虫生活在树皮下裂缝中，捕食小虫。蝶蛉较罕见，具有趋光性。分布于重庆、四川、贵州等地。

小华锦蚁蛉

Gatzara decorillus

蚁蛉科
Myrmeleontidae

体长20 mm，翅展约58 mm；橙色的种类，且具有褐色斑纹；翅透明，多褐色斑及白色斑。

成虫白天栖息于密林边缘的树枝上，夜间活动，分布于湖北、重庆等地。

长裳树蚁蛉

Dendroleon javanus

体长约25 mm，翅展70 mm左右；头部土黄色；翅透明，前翅后缘中部具有一弧形黑纹，后翅狭长；腹部橙色，多褐色斑纹。

栖息于林间，夜间有趋光性；分布于陕西、湖北、湖南、福建、重庆、四川、云南等地。

蝶角蛉科
Ascalaphidae

黄花蝶角蛉
Ascalaphus sibircus

体形很像蜻蜓，但触角又似蝶类，故名蝶角蛉。体长20mm左右，翅展约50mm；体黑色多毛，头部圆，触角细长而多节，末端数节突然膨大杓状；前翅基部1/3黄色，不透明，有褐色纵条，翅脉黄色；后翅基部1/3褐色，中部黄色，夹杂褐色带。

白昼飞翔捕食小虫，或停息林间；分布于北京、河北、山西、山东、内蒙古、陕西、辽宁、吉林、黑龙江等地。

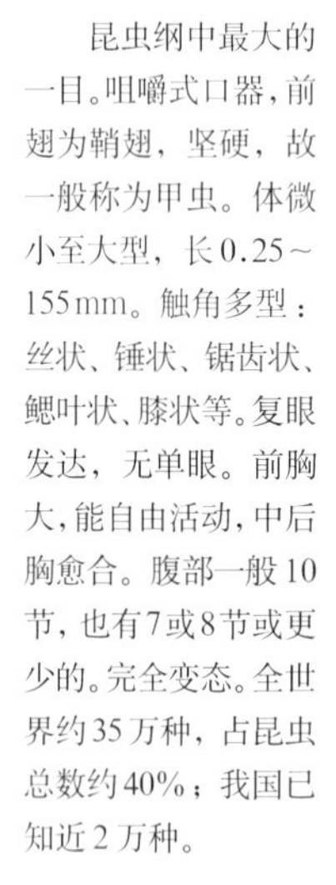

昆虫纲中最大的一目。咀嚼式口器，前翅为鞘翅，坚硬，故一般称为甲虫。体微小至大型，长0.25~155mm。触角多型：丝状、锤状、锯齿状、鳃叶状、膝状等。复眼发达，无单眼。前胸大，能自由活动，中后胸愈合。腹部一般10节，也有7或8节或更少的。完全变态。全世界约35万种，占昆虫总数约40%；我国已知近2万种。

虎甲科
Cicindelidae

中国虎甲
Cicindela chinensis

体长20mm左右；头和前胸背板的前、后缘绿色，背面中部金红或金绿色。鞘翅底色深蓝，无光泽，沿鞘翅基、端部、侧缘和翅缝还具红色光泽；在翅基的1/4处有1条横贯全翅的金属绿或红色的宽横带。

常在林间道路上作短距离飞翔；分布于贵州、甘肃、河北、河南、山东、江苏、江西、浙江、云南、湖北、福建、广东、广西、重庆、四川等地。

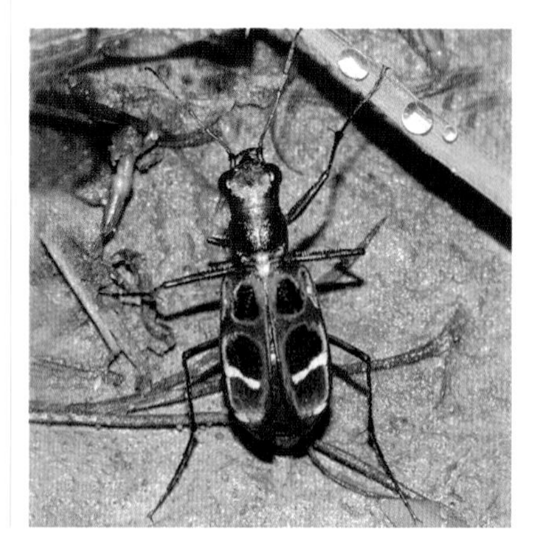

金斑虎甲
Cicindela aurulenta

体长18 mm左右；头胸大部分铜红色，部分蓝绿色，前胸长宽近于相等，两侧平行；鞘翅底色深蓝，无光泽，侧缘绿色，基部和中缝铜红加绿色，每翅有3个大黄斑。

活动敏捷，常见于山路上；分布于贵州、新疆、山东、安徽、上海、江西、江苏、浙江、湖北、湖南、福建、广东、海南、重庆、四川、云南、西藏。

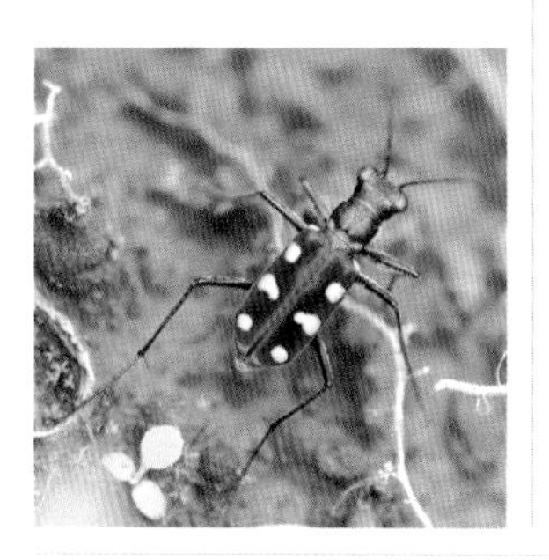

星斑虎甲
Cicindela kaleea

体较小而狭长，9 mm左右；体及足墨绿色；头、胸部具有铜色光泽；颊部具青色光泽；每鞘翅有4个黄白色的斑纹，鞘翅斑纹常有变化，肩斑和中前斑有时变小或消失，中后斑多向后方延伸呈稍弯曲的斜带。

常见于各种空地上短距离飞翔、捕食；分布于贵州、甘肃、陕西、福建、北京、河北、河南、山东、江苏、浙江、江西、湖北、湖南、广东、重庆、四川、云南、西藏、台湾等地。

芽斑虎甲
Cicindela gemmata

体长16 mm左右；头、胸铜色，鞘翅深绿色，具有淡黄色斑点，每翅基部有1个芽状小斑，中部有1条波曲形横斑，有时此斑分裂为2个小斑，翅端靠近侧缘有1个小圆斑，与后面1条弧形细纹相连。

常见于郊外土路之上；分布于黑龙江、吉林、辽宁、甘肃、青海、河北、山东、湖北、江西、湖南、福建、重庆、四川等地。

光端缺翅虎甲

Tricondyla macrodera

体长19 mm左右；鞘翅退化愈合，中、前部具有大而密的刻点和粗的横皱纹，后端光洁，端缘呈圆弧状。

常发现于草丛中，在草上捕捉猎物；分布于贵州、浙江、湖北、江西、福建、湖南、广东等地。

台湾树栖虎甲

Collyris formosana

体狭长，11mm左右；前胸细长，基部宽于端部，瓶状；前胸背板有明显的横皱纹；鞘翅两侧平行，端部稍宽，后侧角圆形，中部常具有1个棕红色横斑(有时不明显)。

常见于草丛中；分布于浙江、湖北、江西、福建、湖南、广东、重庆、四川等地。

步甲科
Carabidae

川步甲

Carabus szechwanensis

体长40 mm；前胸背板凸，整个背面布满皱纹；前缘微凹，基缘近于平直；鞘翅非常凸，自基部渐向后膨大，后端窄缩，2个翅末端在翅缝处形成上翘的刺突。

见于山路旁的草丛中和石下；分布于湖北、四川、重庆、贵州、云南等地。

条逮步甲

Drypta lineola

体长8mm左右；鞘翅长形，肩角弧形，翅端平截，外角钝圆，缝角直角，刻点行粗圆，较深，行距略隆，被刻痕和毛，微纹清晰。

见于田间石下；分布于福建、台湾、广东、广西、重庆、四川、云南、贵州、海南等地。

奇裂跗步甲

Dischissus mirandus

体长18mm左右；黑色种类，鞘翅背面具有4个黄色大斑，具有强烈光泽。

常见的捕食性昆虫，分布于广西、贵州、重庆、四川、云南、湖南、江苏、江西、浙江、陕西、广东、福建等地。

光鞘步甲

Lebidia sp.

体长10mm；体色橙黄色，复眼蓝色；鞘翅后部有一个大型白环，白环内呈灰白色。

发现于林地中草上，分布于西南地区。

双斑青步甲
Chlaenius bioculatus

体长13mm；头、前胸背板绿色，稍带紫铜色光泽；鞘翅青铜色，或近于黑色，背黄色毛，后部具有近圆形黄斑。

常见于石下；分布于贵州、甘肃、河北、江苏、安徽、湖北、浙江、江西、湖南、福建、广东、海南、重庆、四川、西藏、云南。

屁步甲
Pheropsophus sp.

体长18mm左右；头和胸部大部分、前胸背板侧缘、鞘翅斑纹、翅缘大部分黄褐色。鞘翅略方形，基部稍窄，肩角宽圆，端缘略凹，沿中线有横皱。

常见于田间和森林中，受到惊吓时腹部末端会有雾状气体喷出，故称“屁步甲”；分布于我国广大地区。

中华婪步甲
Harpalus sinicus

体长15 mm；上腭粗大发达，上唇周缘、上颚基部、口须、触角、前胸侧缘、鞘翅后部、侧缘棕红色；头部光洁，几乎无刻点；前胸背板近于方形，两侧稍膨出呈弧形。

常见的种类分布于贵州、甘肃、辽宁、河北、山东、河南、江苏、安徽、湖北、江西、湖南、福建、台湾、广东、广西、重庆、四川、云南、西藏等地。

类丽步甲

Callistomimus okutanii

体长约7mm；头部黑色，具有金属光泽，蓝绿色。前胸背板红褐色，心形，两侧弧圆，向基部收窄。鞘翅两侧中部有1个三角形褐色斑，端部里侧有1个大褐斑。

发现于石下；分布于福建、重庆等地。

侧条宽颚步甲

Parena latecincta

体长9mm；棕黄色，鞘翅第3～4行距近基部、5～9行距及侧缘为金属蓝绿色。上颚宽大，触角短不达前胸背板基部。

常见于草丛间，经常在草叶上停留，等候猎物；分布于西南地区。

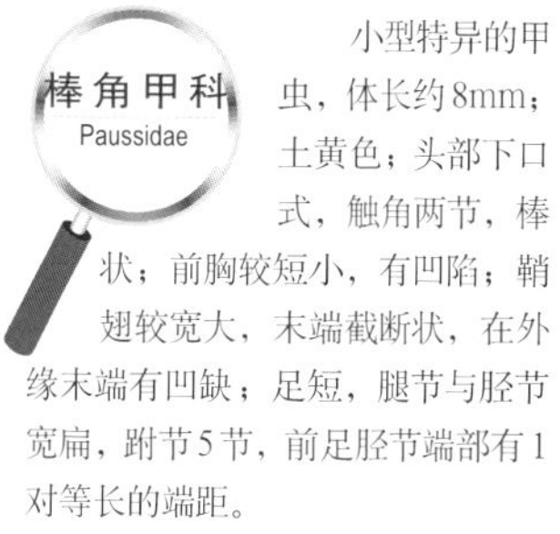

小型特异的甲虫，体长约8mm；土黄色；头部下口式，触角两节，棒状；前胸较短小，有凹陷；鞘翅较宽大，末端截断状，在外缘末端有凹缺；足短，腿节与胫节宽扁，跗节5节，前足胫节端部有1对等长的端距。

稀少的种类，发现于石下；分布于重庆等地。

条角棒角甲

Scaphipaussus sp.

圆角棒角甲

Platyrhopalus sp.

形状十分奇特的小甲虫，体长约8 mm；黑色，鞘翅带有红色斑纹；触角两节，圆片形；鞘翅较宽大而末端呈截断状，在外缘末端有凹缺，腹部露出臀板。足短，腿节与胫节宽扁，跗节5节。

在石块下与蚁共栖，发现于南方的一些省份。

豉甲科 Gyrinidae

圆鞘隐盾豉甲

Dineutus mellyi

大型种类，体长18 mm左右；宽卵圆形，近于圆形。体躯背面光滑，有光泽，中央青铜黑色，两侧深蓝色；前胸背板及鞘翅有1条宽的暗色亚缘带。

多在静水地带的水面打转，分布于山东、湖北、浙江、江西、湖南、广东、重庆、四川、贵州、福建、云南等地。

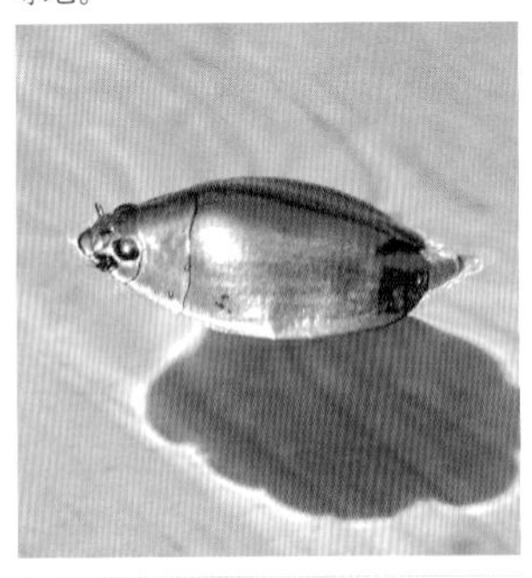

龙虱科 Dytiscidae

黄缘真龙虱

Cybister bengalensis

体长35 mm左右；背面黑色，常具绿色光泽。鞘翅侧缘黄边明显宽于前胸背板侧缘黄边，翅缘黄边至末端渐窄，末端钩状。

生活于水中，捕食水生的蝌蚪、蜗牛和小鱼等小动物，分布于北京、浙江、广东、重庆、福建、云南、海南等地。

灰龙虱

Eretes sticticus

体长15mm左右；头顶中央的1个斑纹及头后部2条横纹黑色；前胸背板中部两侧的1条横纹黑色，其后方的斑纹灰褐色；鞘翅侧缘中央及翅端部的1条波状横纹均黑色；足黄褐色至褐色。

常在水中捕食猎物；分布于黑龙江、吉林、辽宁、河南、重庆、湖南、福建、台湾等地。

黄条斑龙虱

Hydaticus bowyingi

体长约12mm；前胸背板除中央黑色斑纹外的其余部分，鞘翅2条纵纹和基部近鞘缝处的小斑纹均为黄色。

分布于河南、山东、江苏、湖南、浙江、重庆、台湾等地。

埋葬甲科
Silphidae

尼负葬甲

Necrophorus nepalensis

体长20mm左右；体黑褐至黑色，唇基膜区及触角末3节橙色，鞘翅前、后部有不规则橙黄色横斑各1个，左右翅横斑对称但不相连，前后横斑中各有游离黑色小圆斑1个。腹末2~3背板常外露。

发现于野外动物尸体上，有较强趋光性；分布于河北、山西、山东、江苏、湖北、浙江、江西、湖南、福建、台湾、重庆、四川、云南、贵州等地。

黑负葬甲

Necrophorus concolor

体大型，有些个体可达45mm长；复眼鼓凸，前胸背板中央明显隆拱，鞘翅平滑，纵肋纹几不可辨，后部近1/3处微向下弯折呈坡，末端2~3腹部背板外露。

常飞到灯下，具有假死性；分布于黑龙江、吉林、辽宁、内蒙古、宁夏、河北、山西、山东、河南、江苏、安徽、湖北、浙江、江西、湖南、广东、广西、福建、台湾、重庆、四川、云南、贵州、海南等地。

亚洲尸藏甲

Necrodes asiaticus

体长16~28mm，狭长，鞘翅后部略扩，背面平；通体黑褐色，中等光泽；触角末端三节橙色；鞘翅密布粗大刻点。

较常见的种类；分布于吉林、内蒙古、河北、浙江、湖北、重庆、四川、西藏等地。

束毛隐翅虫

Dianous sp.

隐翅虫科
Staphylinidae

体小型，细长，约5mm；两侧近于平行或末端尖削，黑色，鞘翅尚有两个红色圆形斑纹；头前口式；触角线状；鞘翅末端截断状，露出大部分腹节；后翅发达。

成虫栖息在潮湿环境中，常几百上千只集群；分布于全国各地。

尖突巨牙甲
Hydrophilus acuminatus

牙甲科
Hydrophilidae

大型甲虫，最大体长可达45 mm；每一鞘翅具有4列大刻点列，每一刻点两侧具有1条细而明显的脉，尤以后部明显；前胸腹板强烈隆起呈帽状，腹刺到达第2腹节中部。

最常见的水生昆虫之一，常飞到灯下；分布于黑龙江、辽宁、新疆、宁夏、山西、陕西、湖北、湖南、台湾、广东、广西、福建、云南、贵州、西藏等地。

狭长前锹甲
Prosopocoilas gracilis

锹甲科
Lucanidae

小型锹甲，体长18~42 mm（含上颚）；雄虫头部较平，背面呈密颗粒状；上颚细长，外缘弧形，前端尖锐，内缘近基部各有1个大齿，中部以前呈锯齿状；鞘翅肩后最宽，光亮，皮革状。

分布于重庆、湖南、云南、广东、福建等地。

雄性

雌性

巨锯陶锹甲
Dorcus titanus

雄虫体有大小型长约36~85 mm；大型个体上颚长，末端尖而内弯，内缘近基部和近末端各有1个大齿，2个大齿之间有许多小锯齿；小型个体上颚较短，内侧仅基部有1个大齿，自此至末端之间有少数不规则的钝齿；鞘翅上的刻点显著较小。

较为常见的种类；分布于辽宁、河北、江苏、浙江、江西、湖南、广东、广西、福建、重庆、四川、云南、贵州等地。

华武粪金龟

Enoplotrupes sinensis

体长25 mm左右；雄虫额头顶部有1个强大微弯角突，雌体仅具短小锥形角突。前胸背板短阔，表面十分粗糙，雄虫于盘区有1个端部分叉的几乎平直前伸的粗壮角突，角突前方及两侧滑亮，雌虫则于前中段有1端部微凹前伸凸起。

常见的粪金龟种类；分布于福建、湖北、湖南、重庆、四川、西藏等地。

粪金龟科
Geotrupidae

粪金龟

Geotrupes sp.

体长25 mm左右；体背面黑褐色，头略小，唇基半圆形，头面布粗密刻点。触角鳃片部3节等长，中间节正常。前胸背板盘区几无刻点。鞘翅沟间带光滑。

常见于山中较开阔的地带；广泛分布于各地。

蜉金龟科
Aphodiidae

蜉金龟

Aphodius sp.

体小型，约8 mm；略呈半圆筒形，体多黑色，鞘翅黄褐色。

常发现于较潮湿的地方，傍晚成群飞舞；分布于西南地区。

金龟科
Scarabaeidae

侧裸蜣螂

Gymnopleurus sp.

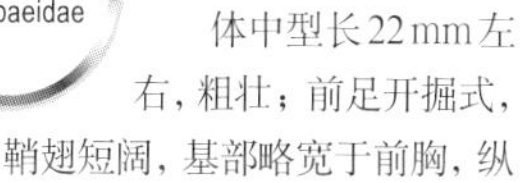

体中型长22 mm左右，粗壮；前足开掘式，鞘翅短阔，基部略宽于前胸，纵沟线浅弱。缘折于肩后强度内弯。腹部侧端呈纵脊，直达前端。

以脊椎动物粪便为食，成虫善于飞行，趋光；分布于重庆、四川等地。

犀金龟科
Dynastidae

蒙瘤犀金龟

Trichogomphus mongol

大型甲虫，体长32～52mm；雄虫头面有1前宽后狭、向后上弯之强大角突，前胸背板前部呈一斜坡，后部强度隆升呈瘤突，瘤突前侧方有齿状突起1对，前侧、后侧十分粗皱，雌虫头部简单，密布粗大刻点。

分布于湖南、广东、广西、重庆、四川、云南、福建、台湾、海南。

绒毛金龟科
Glaphyridae

长角绒毛金龟

Toxocerus sp.

体长12 mm左右，身体狭长，带有铜绿色金属光泽，全身密被绒毛；触角10节，鳃片部分3节；鞘翅狭长；足细长，爪成对简单。

春天出现在林间山路旁；分布于重庆、四川等地。

双叉犀金龟
Allomyrina dichtoma

大型甲虫，体长40～60 mm。雄虫头上面有1个强大双分叉角突，分叉部缓缓向后上方弯指。前胸背板中央有1个短壮、端部有燕尾分叉的角突，角突端部指向前方。雌虫头上粗糙无角突。前胸背板中央前半有“Y”形洼纹。

分布于吉林、河北、河南、山东、安徽、江苏、浙江、湖北、湖南、福建、台湾、广东、海南、广西、重庆、四川、贵州、云南等地。

丽金龟科
Rutelidae

中华彩丽金龟
Mimela chinensis

体长18 mm左右；体背浅黄褐色，带强绿色金属光泽，鞘翅肩突外侧有1条浅色纵条纹，有时前胸背板具有2个不甚明晰暗色斑；臀板黑褐带绿色金属光泽；有时体背草绿或暗绿色。

分布于福建、湖南、江西、广东、广西、重庆、四川、云南、贵州、海南等地。

琉璃弧丽金龟
Popillia flavosellata

体长9mm左右；成虫色泽变化极大；全体多为黑色或全黑色；前胸背板墨绿色，鞘翅黄褐色略带红色；前胸背板甚隆起，盘部刻点粗密，向后渐疏细，两侧刻点粗密，前角附近有时具横形刻点；小盾片三角形，布满粗刻点。

分布于黑龙江、吉林、辽宁、河北、河南、陕西、山东、安徽、江苏、浙江、湖北、江西、重庆、四川、云南、贵州等地。

蓝边矛丽金龟

Callistethus plagiicollis

体长15mm左右；成虫体背部浅黄褐色具有金属闪光，体腹面及足黑蓝色带金属光亮；前胸背板黄褐色，金属闪光很强，两侧缘具有蓝黑色斑带；臀板黄褐色。全体光滑无毛。

分布于河南、河北、山西、陕西、山东、江苏、浙江、湖北、江西、湖南、福建、重庆、四川、贵州、云南、西藏等地。

鳃金龟科
Melolonthidae

大云斑鳃金龟

Polyphylla laticollis

成虫体长30 mm左右；前胸背板后缘无毛；前侧角钝，后侧角近直角形；雄虫触角鳃片部长大且弯曲，长度约与前胸宽度接近；唇基前侧角锐而翘起，头上有乳黄色鳞片和暗褐竖毛；前足胫节外缘雄虫2齿，雌虫3齿。

分布于我国广大地区。

小云斑鳃金龟

Polyphylla gracilicornis

成虫体长25 mm左右；前胸背板前缘及后缘除中段外散生粗长纤毛；前后侧角皆钝角形；雄虫触角鳃片状部长大弯曲，长约为宽的2/3。前足胫节外缘雄虫1齿，雌虫3齿。唇基前缘中段微凹；头上有黄色鳞片，斜生褐色毛。

分布于我国广大地区。

花金龟科
Cetoniidae

白斑跗花金龟

Clinterocera mandarina

体长13 mm左右；扁平的种类；体型狭小，黑色，几乎没有光泽；每个鞘翅中部带有一个白色斑点；体表具有不同程度的白色绒毛层。

春季常见于山路上；分布于北京、河北、辽宁、山西、陕西、湖北、云南等地。

黄粉鹿花金龟

Dicranocephalus wallichi

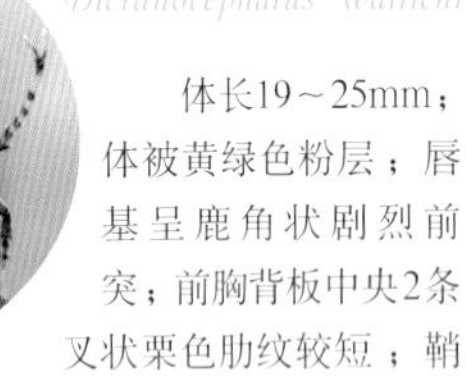

体长19～25mm；体被黄绿色粉层；唇基呈鹿角状剧烈前突；前胸背板中央2条叉状栗色肋纹较短；鞘翅近长方形，肩部最宽，两侧向后渐收狭，缝角不突出。

分布于辽宁、河北、河南、山东、江苏、江西、广东、重庆、四川、贵州、云南等地。

小青花金龟

Oxycetonia jucunda

体长12 mm左右；全体暗绿色，有大小不等的银白色绒斑。前胸背板两侧各具有白斑1个；鞘翅上有银白色斑纹：近缝肋和外缘各有3个，侧缘3个较大。

分布于我国广大地区。

斑青花金龟

Oxycetonia bealiae

体型及体长均与小青花金龟很相似；前胸背板栗褐色或橘黄色，每侧有斜阔暗古铜色大斑1个；鞘翅狭长，暗青铜色；每鞘翅中段有1个茶黄色近方形大斑，大斑前外侧有1个银黄色横绒斑，后外缘有较大银白色或银黄色楔状斑1个，端部有小的白色绒斑3个。

分布于河南、江苏、安徽、浙江、湖北、江西、湖南、福建、广东、海南、广西、四川、贵州、云贵、西藏等地。

赭翅臀花金龟

Campsiura mirabilis

体长20mm左右；前胸背板两侧缘黄色；鞘翅侧缘及端部漆黑色，左右各具有1个大黄褐色的长条圆斑，占鞘翅大部分；近后端处有一波浪形隆起的横截线，其后部边缘具有细横皱，端角处左右分开。

分布于北京、河北、辽宁、山西、湖北、湖南、四川、贵州、云南等地。

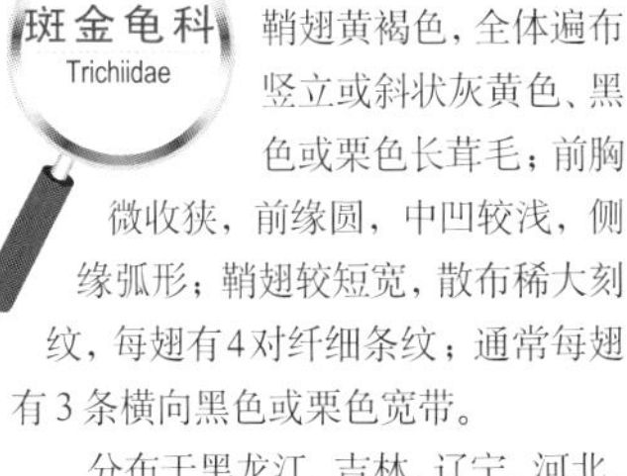

斑金龟科

Trichiidae

短毛斑金龟

Lasiotrichius succinctus

体长10 mm左右；鞘翅黄褐色，全体遍布竖立或斜状灰黄色、黑色或栗色长茸毛；前胸微收狭，前缘圆，中凹较浅，侧缘弧形；鞘翅较短宽，散布稀大刻纹，每翅有4对纤细条纹；通常每翅有3条横向黑色或栗色宽带。

分布于黑龙江、吉林、辽宁、河北、河南、山西、陕西、山东、江苏、浙江、福建、广西、四川、云南等地。

扁泥甲科
Psephenidae

扇角扁泥甲

Schinostethus sp.

小型甲虫，体长约3 mm；黑紫色，触角扇形，外观非常特殊。

常见于水边和植物上，扁泥甲是生活在清洁流水中的一类特殊甲虫，幼虫体卵圆形而略扁，有适于水中呼吸的气管鳃等构造，附着在水中岩石上；蛹期也在水中，成虫羽化后才游出水面，夜间也飞到灯光下来。

分布于西南地区。

吉丁虫科
Buprestidae

日本脊吉丁

Chalcophora japonica

成虫纺锤形，体长约30 mm左右；全体赤铜色至金铜色，新鲜个体全面覆盖黄灰色粉状物。前胸背板及鞘翅上的纵隆线铜黑色。其间具有粗大刻点，两后缘角有不定型凹陷。通常缺小盾片。

分布于福建、江西、湖南、重庆、云南等地。

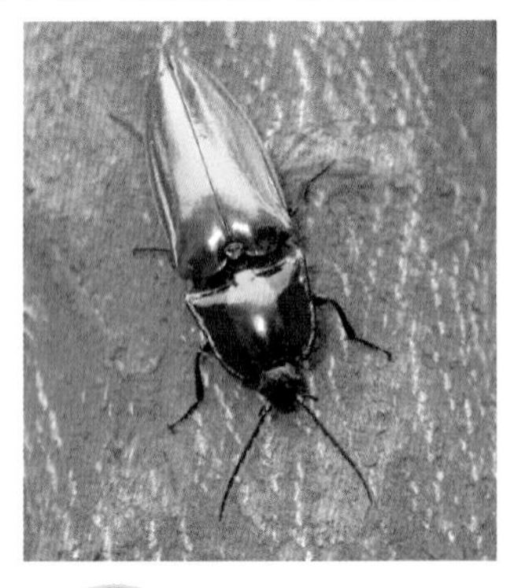

朱肩丽叩甲

Campsosternus gemma

叩甲科
Elateridae

体长36 mm左右；全身发亮，无毛，椭圆形。前胸背板两侧、前胸侧板、腹部两侧及最后两节间膜红色；鞘翅金绿色，有铜色闪光。

分布于江苏、安徽、湖北、浙江、江西、湖南、福建、台湾、重庆、四川、贵州等地。

雄性

雌性

木棉梳角叩甲

Pectocera fortunei

大型叩甲，体长约26mm；雌性触角成弱锯齿状；雄性第3～10节各节着生有狭长形叶片，呈栉齿状；前胸背板中央纵向隆凸，两侧低凹，有明显的中纵沟；后角锐尖，端部稍转向外方。

分布于江苏、湖北、浙江、江西、福建、台湾、重庆、四川、海南等地。

萤科 Lampyridae

窗萤

Pyrocoelia sp.

雄虫体长约20 mm，触角略呈栉尺状，头部黑色，前胸背板橙色，半圆形，鞘翅黑色；雌虫外形与幼虫极为相似，橙黄色，前翅黑色，退化缩小。

见于低海拔山区，为常见的种类；分布于南方各地。

扁萤

Lampyrigera sp.

雄虫体长约16 mm，触角丝状，前胸背板淡褐色，略呈半圆形，后半部黑色，鞘翅黑色；雌虫外形与幼虫极为相似，通体乳白色，翅完全退化。

见于中低海拔山区，发出微弱的黄绿色光；分布于西南等地区。

露尾甲科 Nitidulidae

四斑露尾甲

Librodor japonicus

中小型甲虫体长约8mm，黑色；触角棒状；前胸背板横宽，鞘翅末露出腹末，或盖住腹末；基节左右隔离；跗节5节，第1～3节膨大，腹面具毛，偶见4或3节种；可见腹板5节。

成虫见于松散树皮下；分布于国内广大地区。

瓢虫科 Coccinellidae

马铃薯瓢虫

Henosepilachna vigintioctomaculata

体长近7mm，体背红棕色至黄红色。头背面中央中部有2个（有时联合）的黑点。鞘翅上有6个基斑及8个变斑，变斑常小于基斑或两者大小相近。

常白天发现于茄科植物上，以植物叶片为食；分布于黑龙江、吉林、辽宁、河北、河南、山东、山西、江苏、甘肃、陕西、重庆、四川、贵州、云南等地。

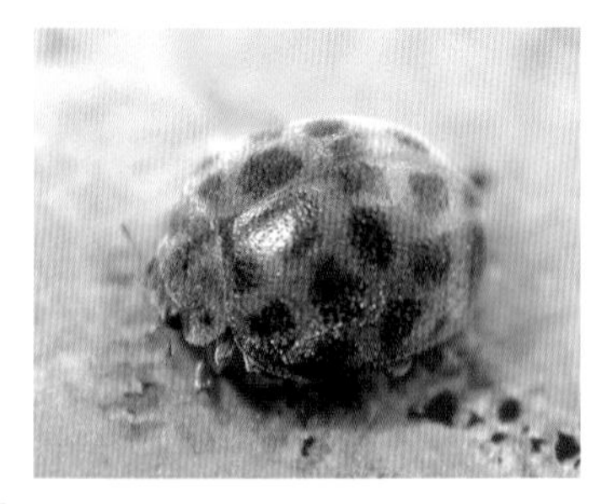

七星瓢虫

Coccinella septempunctata

体长约6mm；两鞘翅上共有7个黑斑，其中位于小盾片下方的小盾斑被鞘翅分割为两边各一半，其余每一鞘翅各有3个黑斑。鞘翅基部靠小盾片两侧各有1个小三角形的白斑。

非常常见的种类，成虫及幼虫均捕食蚜虫等小型昆虫；分布于全国各地。

异色瓢虫

Harmonia axyridis

体长约6 mm；虫体背面的色泽及斑纹变异较大；头部由橙黄色或橙红色至全为黑色，前胸背板上浅色而有1“M”形黑斑，向深色形变异时，该黑色部分扩展相连以至中部全为黑色仅两侧浅色；向浅色形变异时，该斑黑色部分缩小而留下4个黑点或2个黑点。鞘翅近末端处有1个明显的横脊痕，这是辨别该种的重要特征。

捕食多种小型昆虫，极常见的种类；广布全国。

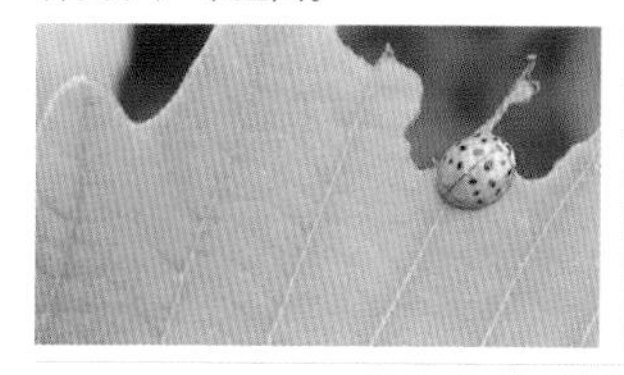

六斑月瓢虫

Menochilus sexmaculatus

体长约6mm；前胸背板黑色；小盾片黑色；鞘翅基色为红色或橘红色，周缘黑色。每翅有3条黑色横带或斑纹：第1条在近基部处，其前缘中部突出；第2条几乎横贯鞘翅中部，前、后缘呈波曲状；第3斑位于鞘翅近端部，近于卵圆形。

捕食多种小型昆虫；分布于河南、重庆、四川、湖南、云南、广东、广西、福建、台湾等地。

隐斑瓢虫

Harmonia yedoensis

体长约4 mm；头部红褐色，无斑纹。鞘翅栗褐色，其上有不甚明显的白色斑：在鞘翅基部中央至小盾片附近有1个衣钩形白斑；第2个为缘斑；第3个为中斑；最后1个不稳定的侧斑在鞘翅的1/2处。斑纹变异较大。

捕食多种小型昆虫；分布于北京、河北、河南、山东、陕西、重庆、四川、贵州、福建、广东、台湾等地。

白条菌瓢虫
Halyzia hauseri

体长约4mm；鞘翅各有4条白色纵带，靠近外缘和鞘翅的两条最宽，中间两条细，第1和第2条、第3和第4条分别在末端愈合。

捕食弱小昆虫；分布于甘肃、陕西、湖北、福建、台湾、广西、重庆、四川、贵州、云南、海南、西藏等地。

十斑大瓢虫
Megalocaria dilatata

体长可达13mm；体圆形，半球状隆起明显，表面光滑，橙黄至橘红色；鞘翅上各有6个黄白斑，其排列为2–1–2–1。该种如为黑色变型者，前胸背板两侧各有1个黄白色大斑。

捕食多种弱小昆虫；分布于福建、广东、台湾、香港、广西、贵州、重庆、四川、云南等地。

拟步甲科
Tenebrionidae

弯胫粉甲
Promethis valgiges

体长26mm左右；前胸背板大，中间有稀疏的、侧缘有稠密的较大刻点，有较窄的纵中线；鞘翅扁平，底部有微小而稠密皱纹，不发亮，外侧的刻点行小；行间扁平。

常见于林间地面；分布于华东、华中、西南等地。

普通角伪叶甲

Cerogria popularis

伪叶甲科
Lagriidae

个体大小变化大，长14～18 mm。黑色，鞘翅具有强烈的金绿色至铜绿色光泽，前胸背板大多具有紫绿色光泽，少数为铜绿色光泽；密被半竖立的白色长茸毛，以背面的毛为最长。

见于山间草丛中；分布于山东、福建、广西、重庆、四川、贵州、云南等地。

肿腿拟天牛

Oedemeronia sp.

拟天牛科
Oedemeridae

拟天牛形似天牛，但天牛各足附节4节，拟天牛前足及中足5节。本种体长10 mm左右；前胸橙红色；鞘翅为带有金属光泽的墨绿色，并带有纵状突起；雄虫后足腿节膨大，雌虫正常。

常见在林间花中；分布于华北地区。

细刻短翅芫菁

Meloe autumnalis

芫菁科
Meloidae

体长16 mm左右；蓝黑色，具光泽；头部大，复眼椭圆形，触角扁平11节，5～7节膨大；鞘翅短而柔软，从中部向后变尖；腹部肥大，大部分露出翅外。

见于林间草丛中；分布于湖北、重庆等地。

毛胫豆芫菁
Epicauta tibialis

体长13～26mm；黑色，头部复眼内侧瘤及唇基红色；鞘翅外缘及末端，中、后胸及腹部腹面，前、中足前侧都具有灰色毛；有些个体完全为黑色，仅前足腿节及胫节背面有灰白色毛。

常见于路边草丛中；分布于河南、福建、重庆、广西、台湾等地。

红头豆芫菁
Epicauta ruficeps

俗称"鸡冠虫"也叫 "红头娘"；体长可达22mm；体黑色，头红色，触角基部有1对光滑的瘤，与头同色；鞘翅狭长，两侧近于平行。

常见的种类；分布于福建、江西、湖南、广西、重庆、四川、云南等地。

眼斑芫菁
Mylabris cichorii

体长18mm左右；鞘翅黑黄两色相间；基部有1个圆形黄色斑，两个黄色斑相对如眼状，在肩胛外侧还有1个小黄斑；在中部之前和中部之后各有1条横贯左右翅的黄色宽横纹，翅的其余部分均为黑色。

多发现于林间花丛中；分布于河北、河南、安徽、江苏、湖北、重庆、浙江、福建、广西、广东、台湾等地。

天牛科
Cerambycidae

橙斑白条天牛
Batocera davidis

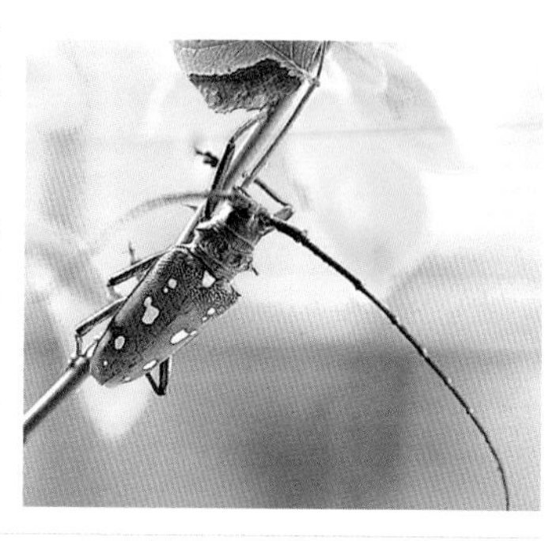

体长45～68 mm；前胸背板中央有1对乳黄色至橙红色肾形斑，侧刺突细长，微向后弯。小盾片密生白毛。鞘翅肩刺突发达，基部1/4区有瘤状隆起；每一鞘翅上有5～6个较大的乳黄色斑纹。

分布于河南、陕西、湖南、江西、重庆、四川、贵州、云南、广东、福建、台湾等地。

云斑白条天牛
Batocera lineolata

体长32～65 mm；体黑色或黑褐色，密被灰色绒毛；前胸背板中央有一对肾形白色毛斑；鞘翅上有大小不等的白色斑，似云片状，大致排成2～3纵行。

分布于河北、河南、陕西、山东、安徽、江苏、浙江、江西、重庆、四川、贵州、云南、广西、广东、台湾等地。

暗翅筒天牛
Oberea fuscipennis

体长11 mm左右；头黄色；腹部腹板黄褐色；前胸背板宽大于长，触角全黑色；鞘翅淡暗灰色，侧缘及端部显著暗色。

分布于河南、广东、江苏、湖南、浙江、广西、江西、河北、西藏、重庆、四川、福建、台湾等地。

菊小筒天牛

Phytoecia rufiventris

体长10 mm左右；前胸背板中区有1个很大略带卵圆形的三角形红色斑点；前胸背板宽大于长，刻点粗密，红斑内中央前方有1条纵形或长卵形区无刻点，且突起。鞘翅刻点极密而乱，绒毛均匀，不形成斑点。

分布于黑龙江、吉林、辽宁、内蒙古、河北、河南、陕西、山西、山东、安徽、江苏、浙江、重庆、四川、贵州、江西、福建、广西、广东、台湾等地。

短角椎天牛

Spondylis buprestoides

体长20 mm左右；触角短，仅达前胸后缘，各节短而宽扁，状似脊椎骨。上颚强大，向前伸出。前胸前宽后狭，两侧圆；前胸背板密布刻点，前缘中央稍向后弯，后缘平直，沿前后镶有很短的金色绒毛。

分布于黑龙江、吉林、辽宁、内蒙古、河北、河南、陕西、江苏、浙江、安徽、江西、重庆、四川、贵州、云南、福建、广东、广西、海南、台湾等地。

麻竖毛天牛

Thyestilla gebleri

体长12 mm左右；体色变异较大，从浅灰到棕黑色，体表有浓密的细短竖毛；深色个体被毛较稀。头顶中央常有一条灰白色直纹；前胸背板中央及两侧共有3条灰白色纵条纹。每鞘翅沿中缝及肩部以下各有灰白色纵纹1条。

分布于北京、黑龙江、吉林、辽宁、内蒙古、宁夏、河北、河南、陕西、山西、山东、江苏、浙江、安徽、江西、湖北、四川、贵州、福建、广西、广东、台湾等地。

苜蓿多节天牛

Agapanthia amurensis

体长15mm左右；深蓝或紫蓝色带有金属光泽；触角黑色，自第3节起各节基部被淡灰色绒毛；头、胸刻点粗深，每个刻点着生黑色长竖毛；鞘翅狭长，翅端圆形；翅面密布刻点，具有半卧黑色短竖毛。

分布于北京、黑龙江、吉林、内蒙古、河北、陕西、山东、湖北、浙江、江西、湖南、福建等地。

黄带蓝天牛

Polyzonus fasciatus

体长15 mm左右；较细长；鞘翅蓝绿色至蓝黑色，基部常有光泽，中央有2条淡黄色横带，带的宽窄形状变化很大；翅面被有白色短毛，表面有刻点，翅端圆形；腹面被有银灰色短毛。

分布于北京、黑龙江、吉林、辽宁、内蒙古、山西、河北、河南、山东、浙江、江苏、江西、福建、广东、香港等地。

曲纹花天牛

Leptura arcuata

体长12mm左右；鞘翅底色黑色，具有4条黄色横纹，基端第1条黄色横纹弯曲成横“S”形，第2、第3、第4条黄色横纹直，在翅外缘处较狭，内缘处横阔。

分布于北京、黑龙江、吉林、山东、河南等地。

芫天牛

Mantitheus pekinensis

体长18mm左右；雌虫外貌酷似芫菁，头正中有1条细纵线，触角细短；鞘翅短缩，仅达腹部第2节；缺后翅。腹部膨大。雄虫体较狭，鞘翅覆盖整个腹部，具有后翅。

分布于内蒙古、河北、北京、河南、山西等地。

桑天牛

Apriona germari

也称粒肩天牛，体长可达46 mm；前胸背板前后横沟之间有不规则的横脊纹，具有侧刺突。鞘翅基部约1/3处有黑色光亮的瘤状颗粒，翅肩角及内外端角均呈刺状。

分布于辽宁、吉林、河北、河南、陕西、山东、江苏、安徽、湖北、湖南、江西、重庆、四川、贵州、云南、福建、广东、广西、台湾等地。

松墨天牛

Monochamus alternatus

体长23mm左右；前胸背板上有2条橙黄色纵带。鞘翅棕红色，每翅有5条纵脊，纵脊间有近方形的黑白相间的绒毛小斑；翅端平切，内端明显，外端角圆形。

分布于河北、河南、陕西、山东、江苏、浙江、江西、湖南、西藏、重庆、四川、贵州、云南、福建、广西、广东、台湾等地。

拟蜡天牛

Stenygrinum quadrinotatum

体长约11 mm；棕褐色，额正中具有1条纵纹。前胸圆筒形，鞘翅有光泽，中间1/3色深，上有前后2个黄色椭圆形斑纹；鞘翅有绒毛及竖毛，翅端锐圆形。

分布于黑龙江、吉林、辽宁、河北、河南、陕西、山东、江苏、浙江、江西、重庆、四川、贵州、云南、广西、台湾等地。

星天牛

Anoplophora chinensis

体长可达35 mm；前胸背板中瘤明显，侧刺突粗壮。鞘翅基部具有颗粒，并有2～3条纵隆纹；每鞘翅上有白色毛斑15～20个，横列5～6行，有时不整齐。

分布于辽宁、吉林、河北、河南、山东、山西、陕西、甘肃、江苏、浙江、江西、湖北、湖南、重庆、四川、贵州、云南、福建、广西、广东、海南、台湾等地。

黄荆重突天牛

Astathes episcopalis

体长约13 mm；复眼上下叶完全分裂。前胸宽大于长，两侧中央各有1个瘤突，中区有1个大瘤突。鞘翅两侧近平行，翅端圆形，鞘翅刻点细密，近中缝处各有2条隐约可见的纵脊线。

分布于河南、陕西、山西、安徽、江苏、浙江、江西、重庆、四川、贵州、福建、广西、广东、台湾等地。

苎麻双脊天牛

Paraglenea fortunei

体长15 mm左右；黑色，被青绿色绒毛，并饰有黑色斑纹。前胸背板淡色，中区两侧各有1个圆形黑色斑。鞘翅斑纹变化较大，形成不同的花色斑，一般每鞘翅有3个黑色大斑；翅端色淡。

分布于河北、河南、陕西、安徽、湖北、江苏、浙江、江西、重庆、四川、贵州、云南、广西、广东等地。

黄星天牛

Psacothea hilaris

体长25mm以内；触角4～11节基部密被白色绒毛；前胸背板两侧有长形毛斑2个，小盾片略被黄色绒毛；每鞘翅有较大斑点4～5个，排成微弯的直行，另有许多小斑散布其间。

分布于北京、河南、江苏、浙江、安徽、江西、重庆、四川、云南、台湾等地。

双簇污天牛

Moechotypa diphysis

体长20 mm左右；前胸背板及鞘翅有许多瘤状突起，鞘翅瘤突上常被黑色绒毛；鞘翅基部1/5处各有1丛黑色长毛，极为明显。

分布于黑龙江、吉林、辽宁、内蒙古、河北、河南、安徽、浙江、广西、重庆等地。

眼斑齿胫天牛

Paraleprodera diophthalma

体长约23mm；每鞘翅基部中央有1个眼状斑，该斑中间有7~8个光亮的颗粒，周围有一圈黑褐色绒毛；翅面中部外侧有1条大型近半圆形深咖啡色斑纹，并镶有黑边。

分布于河南、浙江、江西、湖南、重庆、四川、福建、广西、广东等地。

负泥虫科 Crioceridae

红负泥虫

Lilioceris lateritia

体长10mm左右；体棕黄至棕红色；头及前胸背板有时带有黑色，触角及足大部分为黑色；体背光洁。触角细长，几乎为体长的一半；前胸背板长宽几乎相等，但中部收缩；鞘翅狭长。

分布于江苏、安徽、浙江、湖北、江西、湖南、福建、广东、广西、重庆、四川等地。

肖叶甲科 Eumolptdae

黑额光叶甲

Physosmaragdina nigrifrons

体长约7mm；长卵形，头漆黑，前胸红褐色，具有光泽；小盾片、鞘翅红褐色；鞘翅有两条较宽的黑色横带，一条在鞘翅基部，另一条位于中后部。

分布于辽宁、河北、北京、陕西、山西、山东、河南、江苏、安徽、浙江、湖北、江西、湖南、福建、台湾、广东、广西、重庆、四川、贵州等地。

叶甲科
Chysomelidae

十星瓢萤叶甲
Oides decempunctatus

体长可达14 mm；触角末端3～4节黑褐色，每个鞘翅具有5个近圆形黑斑，排列成2－2－1；后胸腹板外侧，腹部每节两侧各具有1黑斑，有时消失。

分布于吉林、甘肃、河北、山西、陕西、山东、河南、江苏、安徽、浙江、湖北、江西、湖南、福建、台湾、广东、海南、广西、重庆、四川、贵州等地。

宽缘瓢萤叶甲
Oides maculates

体长12 mm左右；体黄褐色，触角末端4节黑褐色；前胸背板具有不规则的褐色斑纹，有时消失；每个鞘翅具有1条较宽的黑色纵带，其宽度略窄于翅面最宽处的1/2，有时鞘翅完全淡色；后胸腹板和腹部黑褐色。

分布于陕西、安徽、江苏、浙江、湖北、江西、湖南、贵州、福建、台湾、广东、广西、重庆、四川、云南等地。

八角瓢萤叶甲
Oides duporti

体长12 mm左右；触角端部4节和小盾片黑色，有时触角其余各节褐色；前胸背板4个黑斑，两侧的较大，中部的两个较小，有的个体消失；每个鞘翅具有5个大的黑斑，基部及中部各2个，端部4个。

分布于安徽、湖北、福建、广东、广西、云南、重庆、贵州等地。

黑角直缘跳甲
Ophrida spectabilis

大型跳甲，体长可达12 mm；体棕红色；触角基部4节棕红色，其余黑色；鞘翅有黄色大型云状斑纹，分布在前、后部及中缝中部。

分布于河南、江苏、安徽、浙江、湖北、江西、福建、台湾、广东、广西、重庆、四川、贵州、云南等地。

黄色凹缘跳甲
Podontia lutea

体硕大，可达14 mm；椭圆形，橙黄色有光泽；触角1～2节黄色，其余黑色；足的腿节深黄色，胫节、跗节黑色；鞘翅无其他杂色，刻点排列整齐。

分布于陕西、浙江、湖北、江西、湖南、福建、台湾、广东、广西、重庆、四川、贵州、云南等地。

二纹柱萤叶甲
Gallerucida bifasciata

体长8 mm左右；体黑色，触角通常黑色，有些个体红褐色；鞘翅黄色，中部和后部具有两条黑色波曲斑纹；前胸背板黑色，无刻点。

分布于黑龙江、吉林、辽宁、甘肃、河北、陕西、河南、江苏、湖北、浙江、江西、湖南、台湾、福建、广西、重庆、四川、云南、贵州等地。

铁甲科
Hispidae

大锯龟甲

Basiprionota chinensis

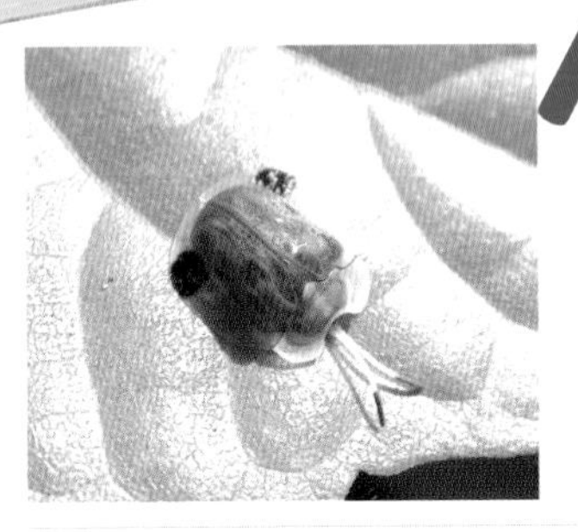

体长15 mm左右；椭圆形，淡黄色；前胸背板向外延展，鞘翅背面隆起，两侧向外扩展，形成明显的边缘，近末端1/3处各有一个大的椭圆形黑斑。

分布于福建、江西、湖南、广东、陕西、江苏、重庆、四川、贵州等地。

甘薯腊龟甲

Laccoptera quadrimaculata

体长10 mm左右；棕黄色，深浅不一；前胸背板2个小黑斑处于盘区两侧，有时缺如；鞘翅带有多处黑斑，但变异较大；鞘翅刻点较多且密集，通常没有规则。

分布于福建、江苏、湖北、浙江、台湾、广东、广西、重庆、四川、贵州、海南等地。

三带椭龟甲

Glyphocassis trilineata

体长约5～6 mm，长卵圆形，两侧近于平行，背面不很隆起，鞘翅边缘较为狭窄，半透明，有黑斑；体光亮，背面底色淡黄至棕赭，并有大型黑斑。

分布于重庆、四川、贵州、湖北、广西、云南等地。

甘薯台龟甲
Taiwania citcumdata

体长5 mm左右；绿色带有金属光泽；前胸前缘弧度较浅平，明显不及后缘深；鞘翅具黑斑，变异较大，也有无斑者；两翅盘区一般具有一共同的“U”形黑斑，中缝上常有1条相当宽的黑带。

分布于江苏、湖北、浙江、江西、湖南、台湾、安徽、广东、广西、四川、云南、贵州、海南等地。

甜菜大龟甲
Cassida nebulosa

体长7 mm左右；长卵圆形，较扁平；触角末端黑色，其余部分与体背同色；体背灰白至黄褐色，鞘翅上散生不规则的细小黑斑纹，鞘翅基部与前翅交接处为黑色。

分布于黑龙江、吉林、辽宁、内蒙古、宁夏、甘肃、新疆、河北、北京、天津、山东、山西、陕西、上海、江苏、湖北、重庆、四川、贵州等地。

尖爪黑铁甲
Hispellinus sp.

长方形，细长，约4～5 mm；头小复眼发达，触角第1节粗大，其背面着生一长刺。前胸背板具皱纹，侧缘具刺。鞘翅有粗刻点和针状刺，边缘亦具针状刺。

分布于西南地区。

三锥象科 Brentidae

大宽喙象

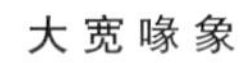

大型美丽的象甲，体长近30 mm；头喙及前胸棕红色，鞘翅棕黑色；鞘翅刻点较大，圆形，排列整齐；每鞘翅带有5个橘红色斑纹，对称排列。

分布于云南。

象甲科 Curculionidae

直锥象

Cyrtotrachelus longimanus

体长可达35 mm；菱形，红褐至褐色，光滑，无鳞片；触角位于喙基部，触角沟坑状，柄节长过索节之和；前胸盾形，前缘缢缩，后缘有窄隆线，基部和端部略呈黑色，基部中央有一不规则的黑斑。

也称大竹象；分布于江苏、浙江、福建、湖南、台湾、广东、广西、重庆、四川、云南等地。

卷象科 Attelabidae

大黑斑卷象

Paraplapoderus melanostictus

体长7 mm左右；橘黄色，头、胸及鞘翅上均散布圆形的大黑斑，黑斑不隆起；头部短，基部圆形缩细；触角着生于喙的基部；鞘翅两侧平行。

分布于河北、陕西、湖北、四川等地。

松瘤象
Sipalus gigas

体长22 mm左右；体壁坚硬，黑色，具有褐色斑纹；触角着生于喙中部附近，呈膝状；头部不大，散布灰色斑；前胸背板表面中央有一扁平纵脊，脊两侧散射出稍呈弧形的褐色支脊，伸向前缘，脊上有一些红褐色的颗粒状突起。

分布于东北、江苏、湖南、江西、广东、福建、贵州等地。

绿鳞短吻象
Chlorophanus lineolus

体长12 mm左右；体壁黑色，密被淡绿色或蓝绿色闪银光的鳞片；鳞片间散布白色倒状的鳞片状毛；腿节端半部、胫节及跗节红色；鞘翅的奇数行间比偶数行间明显宽而隆起。

分布于北京、河北、河南、陕西、江苏、安徽、湖北、江西、福建、广西、重庆、四川、贵州、台湾等地。

短胸长足象
Alcidodes trifidus

体长9 mm左右；卵形，黑色。前胸背板两侧，鞘翅后端，中胸两侧和后胸密被白色鳞片，腹部和足的鳞片颇稀；前胸和鞘翅有一分为三叉的黑斑。

分布于福建、陕西、山东、江苏、安徽、浙江、江西、广东、广西、重庆、四川等地。

淡灰瘤象

Dermatoxenus caesicollis

体长14 mm左右；卵形，黑色，密被淡灰色鳞片，散布倒状鳞片状毛；鞘翅基部略略宽于前胸基部，向后逐渐放宽，翅坡最宽，翅坡以后突然缩窄，基部中间黑，和前胸基部的黑斑连成一个三角形黑斑。

分布于江苏、安徽、浙江、江西、福建、台湾、广西、重庆、四川等地。

梨象科

Apionidae

梨象

Pseudoprotapion sp.

体长7mm左右；蓝黑色，呈三角形；触角不呈膝状，转节放长，末三节明显为棒状；上唇不明显分离；上颚外缘无齿；腹部腹板1～2节愈合；体壁被覆鳞片。

分布于重庆。

长翅目

Mecoptera

长翅目昆虫通称为蝎蛉，世界已知约500种，北半球较多。我国已知200种左右。

体中型，细长。头部向腹面延伸成宽喙状；触角长丝状，口器咀嚼式；前胸短；通常有两对狭长的膜质翅，前、后翅大小、形状和脉相都相似；尾须短。

大多发生在植被良好的森林或峡谷地区。数量少而不容易见到，多取食死亡的软体昆虫，也捕食各种昆虫，或取食苔藓类植物。

蝎蛉科
Panorpidae

条纹蝎蛉
Panorpa sp.

体长12 mm左右；头部橘黄色，触角大部分黑色；前胸背板黄色，中胸及后胸背板黑色，并带有黄色斑；翅细长，有三条明显的黑色带；腹部背面黑色，端部三节黄色。

分布于西南地区。

黄翅新蝎蛉
Neopanorpa sp.

体长 14 mm 左右；头顶黑色，喙橘黄色，触角黑色；前胸背板橘黄色，中胸及后胸背板黑色；翅细长，黄色，并有三条较宽的深棕色色带；腹部背面黑色，雄性端部生殖器部分橘黄色。

常出现于灌木丛中，较活泼；分布于重庆。

蚊蝎蛉科
Bittacidae

花翅蚊蝎蛉
Bittacus sp.

前翅长 22 mm 左右；体黄色，复眼黑色；翅细长，黄色，并有棕黑色斑纹；蚊蝎蛉外观近似大蚊，但最明显的区别是大蚊属双翅目，仅一对翅，而蚊蝎蛉则有两对翅。

分布于重庆。

双翅目包括蝇、蚊、蚋、蠓和虻等，世界已知11万种左右，遍布全球各地，是昆虫纲中较大的目；全世界已知11万种之多，我国记载则已超过10 000种。

体小型到中型，细长；口器刺吸式或舐吸式，仅有1对发达的膜质前翅，后翅特化为平衡棒（双翅目由此而得名），少数种类无翅，跗节5节。双翅目昆虫属完全变态类型，双翅目分为长角、短角和环裂3个亚目，分别对应常见的蚊、虻和蝇。

生活习性千差万别，适应性极强，部分种类是农林生产的重要害虫或益虫，有些种类是著名的卫生害虫，危害人畜健康，传播疾病，引起瘟疫。

大蚊科 Tipulidae

花翅大蚊

Hexatoma sp.

体长15mm左右；体蓝黑色具光泽，腹部末端橘红色；触角只有6~12节，翅黄褐色，基部及前缘色浅；足黑色。

分布于南方各地。

白带花翅大蚊

Hexatoma sp.

体长16mm左右； 触角仅6~12节，翅基橙黄色，余黑色，中部有白斑，腹部黑色，具有4条白色环节，其中中间两个中部断开；足黑灰色。

分布于西南地区。

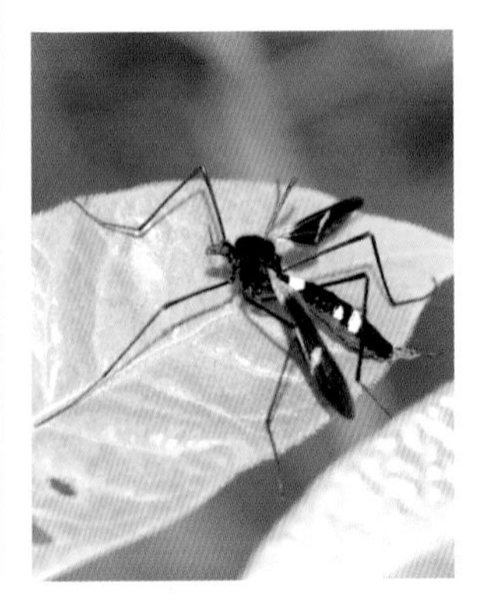

短柄大蚊

Nephrotoma sp.

体长14 mm左右；体色呈橘黄色，中胸背板黑色，腹部背板带黑色横纹；前中后足均黑褐色，翅膀透明，有彩虹的金属光泽；翅痣黑色。

常见的大蚊，分布于全国各地。

褶蚊科
Ptychopteridae

金环褶蚊

Ptychopthera sp.

体长约10 mm；头较小，黑色，复眼大而远离；触角长，丝状；胸部黑色并闪紫色光泽；腹部近中部具有2个金黄色环，末端金黄色，其余部分黑色并带有光泽。

分布于重庆等地。

虻科
Tabanidae

绿花斑虻

Chrysops sp.

体长10 mm左右；眼光裸，黄绿色并有黑斑；触角远长于头；胸褐色，但背面具有宽的黄绿色斑，小盾片黄绿色；翅具斑；足细长；腹黄褐色，具有两黑色条带。

分布于南方广大地区。

黑斑虻

Chrysops sp.

体长11 mm左右；黑色，眼光裸，闪金属光泽；触角远长于头；翅前缘黑色并向下延伸到外缘中部，形成一个黑色的倒三角形，其余部分透明；足细长，胫节及附节灰白色。

分布于重庆、四川等地。

广虻

Tabanus sp.

体长16 mm左右；头顶无单眼和单眼瘤，活的时候复眼泛绿光，触角基节和梗节短；翅透明，无斑；腹背各节中央具有宽的白色三角形。

分布于全国各地。

食虫虻科
Asiidae

鬼食虫虻

Pagidolaphira sp.

体长18 mm左右；头胸黑色，头顶两复眼间凹陷，稍带黄色微毛；翅黑褐，闪紫光；足黑色，带黄褐色毛；腹部第1节黑色，从第2节到第4节基部黑色，端部黄褐色并逐渐变宽，至第5节后全为黄褐色。

分布于西南地区。

毛腹食虫虻
Laphria sp.

体长约25mm；大型，粗壮，被浓密的毛；头、胸黑色，翅透明，带有黑褐色，翅脉明显；腹背基半部黑色，端半部黄褐色；足黑色，爪黄色。

分布于北京等地。

蜂虻科
Bombyliidae

姬蜂虻
Systropus sp.

体长21 mm左右；光滑少毛，腹部细长，形似姬蜂；复眼蓝黑色，触角基部少数黄色，到端部足逐渐变深至黑色；胸黑，具有黄斑；翅褐色；腹部黄褐色，各节端部较深；后足狭长；腹部橙黄色。

分布于全国各地。

绒蜂虻
Villa sp.

体长13 mm左右；被绒毛；头黑，喙长，胸部绒毛黄褐色，中胸背板毛稀疏；翅黑褐色，腹背具有3条白色横带。

分布于全国各地。

白边水虻

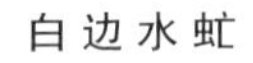
Stratiomys sp.

体长约16 mm；粗壮，触角黑，第3节长而宽，无端芒；全身被浓密绒毛；腹部2～3节两侧具有白色斑，第4节端具窄的白色横带。

分布于全国各地。

水虻科 Stratiomyidae

光亮扁角水虻

Hermetia illucens

体长12 mm左右；触角宽、扁且长，体黑色并具有蓝紫色光泽，腹部前端两侧各具有一白色半透明的斑，足的胫节白色，余黑色。

分布于全国各地。

金黄指突水虻

Ptecticus aurifer

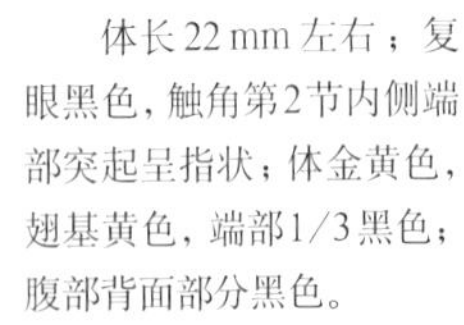

体长22 mm左右；复眼黑色，触角第2节内侧端部突起呈指状；体金黄色，翅基黄色，端部1/3黑色；腹部背面部分黑色。

分布于北京、陕西、安徽、江苏、浙江、四川、湖南、贵州、吉林、内蒙古、河北、山西、江西、湖北、福建、云南、广西、西藏、台湾等地。

食蚜蝇科
Syrphidae

长尾管蚜蝇
Eristalis tenax

体长14 mm左右；头黑色，被毛，复眼毛被棕色；触角暗棕色；胸背板全黑，被黄白色毛，小盾棕黄色；腹大部棕黄色，第1背板黑，第2，3具有“I”形黑斑，4，5背板大部黑色。

分布于甘肃、河北、江苏、浙江、湖北、湖南、福建、广东、重庆、四川、云南、西藏等地。

突角蚜蝇
Ceriana sp.

体长12 mm左右；黑色，触角端具有一锥状突；小盾片黄色，翅前半部黑褐色；腹瘦长，中段具有一金黄色环状带。

分布于重庆等地。

首角蚜蝇
Primocerioides sp.

体长10 mm左右；体黑色，触角端具有一锥状突；小盾片黄色，翅黑褐色；腹瘦长，第3节两侧各具有一黄色斑。

分布于西南地区。

黄颜食蚜蝇

Syrphus ribesii

体长12 mm左右；颜黄色，触角短，黑色；小盾片黄色；胸部铜绿色，带有光泽；腹部大部黑色，第1节端部两侧各具有一黄色斑，其余各节端缘均有黄色横带。

分布于甘肃、重庆、四川、云南等地。

黑带食蚜蝇

Episyrphus balteatus

体长10 mm左右；头棕黄色，颜黄色，触角红棕色；胸黑色具闪光，翅略呈棕色；腹部各节基部黑色，端部棕黄色，也具闪光。

分布于东北、华北、华东、华中、西南等地。

细腹食蚜蝇

Sphaerophoria sp.

体长6 mm左右；狭长，复眼红棕色；胸腹大部分蓝黑色，并带有金属光泽；小盾片和腹部各节端缘均为黄色；足黄色。

分布于西南地区。

切黑狭口食蚜蝇

Asarkina ericetorum

体长14 mm左右；复眼红褐色，颜、后头白色；胸、腹大部黄色，胸背板黑褐色；腹部各节端缘黑色，第1节中央有一竖的黑色线状带；翅略呈褐色。

分布于河北、浙江、福建、重庆、四川、云南等地。

瓜实蝇

Bactrocera sp.

实蝇科
Tephritidae

体长11 mm左右；褐色，额狭窄；前胸左右及中、后胸有黄色的纵带纹，小盾片黄色；翅膜质透明，前缘黑色；腹背褐色有黑、黄相间的斑带。

分布于西南地区。

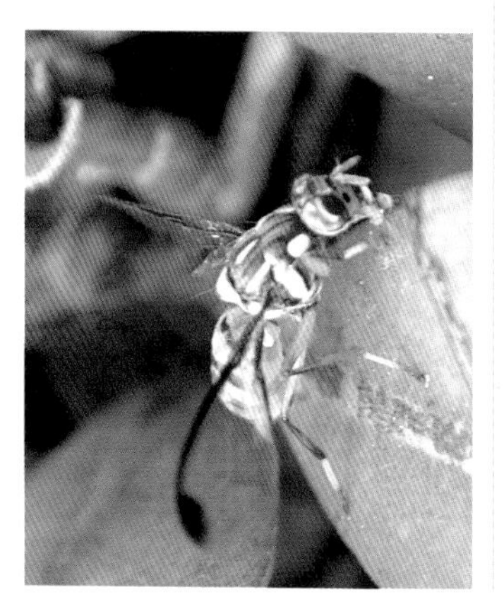

甲蝇

Celyphus sp.

甲蝇科
Celyphidae

体长不到5 mm；复眼红色，体背光亮黄褐色，小盾片特别发达，延伸覆盖腹部，翅膀收藏于小盾片下方。外观非常像小甲虫，故称甲蝇。

分布于重庆等地。

粪蝇科 Scathophagidae

粪蝇

Scathophaga sp.

体长12mm左右；黄色，被黄色绒毛；头较扁，复眼红棕色，触角黑色；胸背板具有黑色条纹；翅脉仅前缘脉和径脉明显，其余微弱。

分布于西南地区。

头蝇科 Pipunculidae

光头蝇

Cephalops sp.

体长约4mm；头特大，近球形，复眼红色，额白色突出；中胸背板大部分无毛；具翅痣，前缘脉第3段与第4段大致等长；足棕黄色。

分布于重庆山区。

毛翅目昆虫通称石蛾。全世界已知约10 000种，中国已知1 000种左右。

体小型到中型；触角丝状，咀嚼式口器，略退化；翅两对，被有粗细不等的毛；腹部纺锤形；石蛾休息时翅呈屋脊状，外观酷似蛾子。

幼虫“石蚕”水栖，会以草、石、贝壳等筑巢，并露出头足爬行。

长角石蛾科
Phlaeothripidae

棕须长角石蛾

Mystacides sp.

翅展15 mm左右；头和胸部红褐色；翅黑色，带有金属光泽；下颚须极长，并有黑色长毛；栖息时前翅端部折向腹部方向，较为特殊。

分布于重庆等地。

鳞翅目
Lepidoptera

鳞翅目昆虫包括常见的蝴蝶与蛾子，其主要特征就是翅上布满了色彩斑斓的鳞片，因而有“会飞的花朵”、“大自然的舞姬”等美誉。鳞翅目翅上具有许多存在于生物界中的最优美的色彩。艳丽的颜色是蝴蝶和一些蛾类最为引人入胜的部分。色彩可以由色素、结构或这两种共同产生。

鳞翅目昆虫的口器为虹吸式，就像吸管一样，专门取食花蜜等液态食物。幼虫多是我们通常所说的毛毛虫。

鳞翅目包括所有的蛾和蝶，是昆虫纲中的第2个大目，全世界约有20万种，我国约2万种，其中蛾类近18 000种，蝶类近2 000种。

长角蛾科
Adelidae

大黄长角蛾

Nemophora amurensis

翅展24 mm左右；雄蛾触角是翅长的4倍，雌蛾触角短，略长于前翅；前翅黄色，基半部有许多青灰色纵条；向外是一条很宽的黄色横带，横带两侧带有青灰色带光泽的横带；端部约1/3有呈放射状向外排列的青灰色纵条。

分布于东北、江西、重庆等地。

雌性

雄性

多斑豹蠹蛾

Zeuzera multistrigata

木蠹蛾科
Cossidae

翅展44～68 mm；触角黑色；胸部白色，背面有3对黑斑点。雄性前翅脉间密布规则排列的黑色细短纹。腹部白色，每节有黑色横带。

分布于陕西、湖北、浙江、江西、湖南、广西、福建、重庆、四川、云南、贵州等地。

豹裳卷蛾

Cerace xanthocosma

卷蛾科
Tortricidae

翅展33～59 mm；头部白色；胸部黑紫色，有白斑；腹部各节背面黄色和黑色各半；前翅紫黑色，带有许多白色斑点和短条纹；中间有一条锈红褐色带由基部通向外缘，在近外缘处扩大呈三角形橘黄色区域。

分布于华东、华中、重庆等地。

黄纹旭锦斑蛾

Campylotes pratti

斑蛾科
Zygaenidae

翅展65～81 mm；头、胸及腹部蓝黑色，腹部末端蓝灰色；前翅沿翅脉及边缘黑色有蓝色金属光泽，翅脉间有黄色或红色条纹，前翅前缘基部红色，基部后缘黄色；后翅外横线黑色，各脉间有红色及黄色条纹。

分布于重庆、湖北、福建等地。

茶斑蛾

Eterusia aedea

翅展约70 mm；胸部及腹部第2节黑色带蓝色金属光泽，腹部第3节以后黄色；前翅基部有数枚黄白色斑块，中部内侧黄白色斑块连成一横带，中部外侧散生11个斑块；后翅中部黄白色横带甚宽，近外缘处亦散生若干黄白色斑块。

分布于浙江、江苏、安徽、江西、福建、台湾、湖南、广东、海南、重庆、四川、贵州、云南等地。

李拖尾锦斑蛾

Elcysma westwoodi

翅展70 mm左右；体黄白色半透明，头、胸部黑色；前后翅均淡黄，半透明，翅脉淡黄，外侧黑有光泽；后翅带有较长的尾突。

分布于东北、西南等地。

刺蛾科

Limacodidae

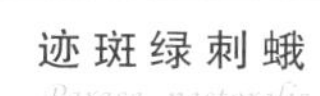

迹斑绿刺蛾

Parasa pastoralis

翅展40 mm左右；头及胸背绿色，腹部和后翅浅黄色；前翅绿色，基部为1褐色大斑，外缘有1褐色大斑，外缘有1浅黄色宽带，在前缘下呈齿状内曲，臀角处内曲更明显。

分布于湖南、广东、广西、重庆、四川、贵州、云南等地。

螟蛾科
Pyralidae

绿翅绢野螟

Diaphania angustalis

翅展40 mm左右；嫩绿色，触角细长丝状；胸部背面嫩绿，腹面略白；双翅嫩绿色，前翅狭长，中室端脉有1小黑点，中室内有1较小的黑点，前翅前缘淡棕色，外缘缘毛深棕，后缘浅绿，后翅中室有1黑斑。

分布于重庆、四川、广东、贵州、云南等地。

大白斑野螟

Polythlipta liquidalis

翅展40 mm左右；头黑褐色，触角白色；胸背黑褐色；腹部第1～3节白色，第3节背面有1对黑斑，其他赭色；翅白色半透明，前翅基角黑褐色，由中室至翅后缘有1黑色大型斑纹，黑斑内有白色斑点；后翅外缘有1排小黑点。

分布于陕西、浙江、湖北、湖南、重庆、四川、贵州、福建、广东、云南、广西、海南等地。

尺蛾科
Geometridae

小蜻蜓尺蛾

Cystidia couaggaria

翅展48 mm左右；头顶和胸部背面中部黑褐色，两侧黄褐色；腹部细长，黄褐色有黑褐斑；翅白色，斑纹黑褐色；翅端部为1条褐色宽带，有时黑褐色斑纹扩展并占据大部分翅面，白底被切割为不规则碎块。

分布于东北、华北、湖南、湖北、浙江、台湾、重庆、贵州等地。

云尺蛾

Buzura thibetaria

翅展70 mm；头顶白色；翅白色，有粗黑条纹，前、后翅的外缘有淡黄色斑；后翅中线上有1黑色环状纹，外线黑色呈波状；腹部白色，有黑色环纹6～7圈。

分布于华中、华西、浙江、贵州、重庆、四川等地。

樟翠尺蛾

Thalassodes quadraria

翅展36 mm左右；头灰黄色，复眼黑色，触角灰黄色；胸、腹部背面翠绿色，两侧及腹面灰白色；翅翠绿色，布满白色细碎纹；前翅前缘灰黄色，前、后翅各有白色横线2细条，较直，缘毛灰黄色；翅反面灰白色。

分布于浙江、福建、台湾、广东、重庆、广西、云南等地。

玉臂尺蛾

Xandrames dholaria

翅展达90 mm；体色棕黑，前翅棕褐色，密布黑纹，中部有1玉色宽带，从前缘中央斜向臀角，后翅棕黑色，外缘亦有玉色斑。

分布于陕西、甘肃、河南、湖北、湖南、福建、重庆、四川、贵州、云南。

钩蛾科 Drepanidae

大窗钩蛾
Macrauzata maxima

翅展45～55 mm；体翅淡黄色；前、后翅中央有窗形半透明大斑，斑内中室上方有1小黑点；前翅窗斑外缘赭褐色，斑内脉纹黄褐。

分布于陕西、浙江、湖北、福建、重庆、四川、贵州等地。

曲突山钩蛾
Oreta sinuata

翅长14 mm；前翅顶角外伸弯曲，内侧有1黄色斑，翅基部棕黄色，有棕色弧纵纹，顶角内侧至后缘中部有1条赭褐色斜线；后翅大部为黄色，中部内侧有赭黄色横带，外缘侧角有1褐色圆斑。

分布于福建、海南、重庆、四川等地。

波纹蛾科 Thyatiridae

费浩波纹蛾
Habrosyne fraterna

翅展34～46 mm；翅形狭长，外缘弯曲；前翅有一条白色斜横线将翅面分成两部分，白横线内侧灰绿色，外侧茶色为主，并有橙黄色区域，并带有白色边。

分布于江苏、浙江、湖北、湖南、福建、台湾、重庆等地。

大燕蛾

Lyssa zampa

燕蛾科
Uraniidae

翅长约50 mm；前翅赭褐色，有黑、白相间的节形纹，并有棕黑色散纹，外侧有较宽的灰褐色区，顶角至外线处为烟褐色；后翅呈粉白色；外缘有齿形突及长达25mm的尾带，基部赭色，端部白色。

分布于湖南、福建、海南、广东、广西、重庆、贵州、云南等地。

锚纹蛾

Pterodecta felderi

锚纹蛾科
Callidulidae

翅展30 mm左右；身体棕黑，头顶有黄褐色毛；前翅棕褐色，脉纹黄色，中室外有一个橙黄色的锚形纹；后翅棕赭色，外缘颜色稍淡。

白天活动的蛾子；分布于东北、华北、湖北、台湾、重庆、西藏等地。

浅翅凤蛾

Epicopeia hainesi

凤蛾科
Epicopeiidae

翅长约30 mm；前翅鳞片薄，翅膜呈灰褐色，翅脉明显可见烟赭色；后翅基部至外缘内侧色较浅，翅脉黄褐色，明显可见；外缘至臀角烟黑色，尾带内侧沿外缘有4个红点，尾带上有些个体也有红斑。

分布于福建、湖北、浙江、广西、重庆、四川等地。

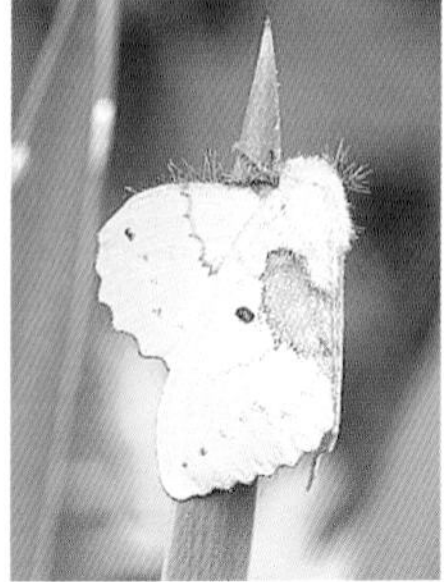

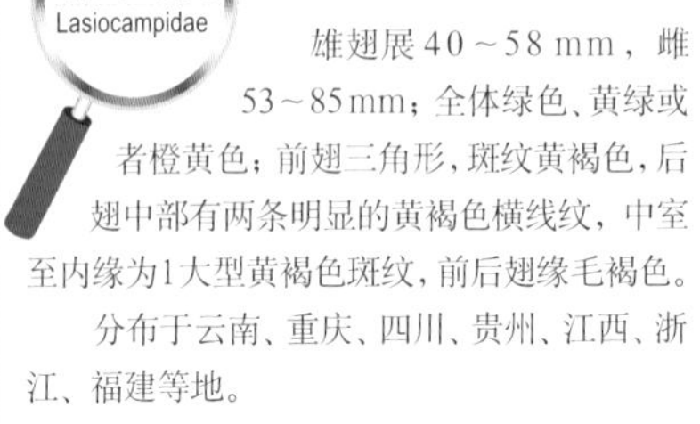

栎黄枯叶蛾

Trabala vishnou

雄翅展40～58 mm，雌53～85 mm；全体绿色、黄绿或者橙黄色；前翅三角形，斑纹黄褐色，后翅中部有两条明显的黄褐色横线纹，中室至内缘为1大型黄褐色斑纹，前后翅缘毛褐色。

分布于云南、重庆、四川、贵州、江西、浙江、福建等地。

云斑带蛾

Apha yunnanensis

带蛾科
Eupterotidae

翅展60 mm；体翅黄褐色，触角褐色，前胸具有深色鳞毛；前翅中室端部黑点明显，顶角至后缘有一黄色横带，其内侧并列一条紫红色横带；前后翅均有多处黄褐色斑点。

分布于湖北、重庆、云南等地。

绿尾天蚕蛾

Actias ningpoana

天蚕蛾科
Saturniidae

翅展可达130 mm；体白色，带有绒毛；触角土黄，栉齿状；翅粉绿色，基部有较长的白色绒毛；前翅前缘紫色，有一条与外缘平行的淡褐色细线；前后翅中室端部均有一个眼状斑；后翅带有一个40 mm左右长的尾带。

分布于东北、华北、台湾、华中、华南、西南等地。

长尾天蚕蛾

Actias dubernardi

翅展90～120 mm；雌雄色彩完全不同；雄蛾体橘红色，翅杏黄色为主，外缘有很宽的粉红色带；雌蛾体青白色，翅粉绿色为主；雌雄蛾前翅中室带有眼状斑，后翅均有一对非常细长的尾带，且尾带都带有粉红色。

分布于湖南、福建、广西、重庆、四川、贵州、云南、北京、河北等地。

雌性　　雄性

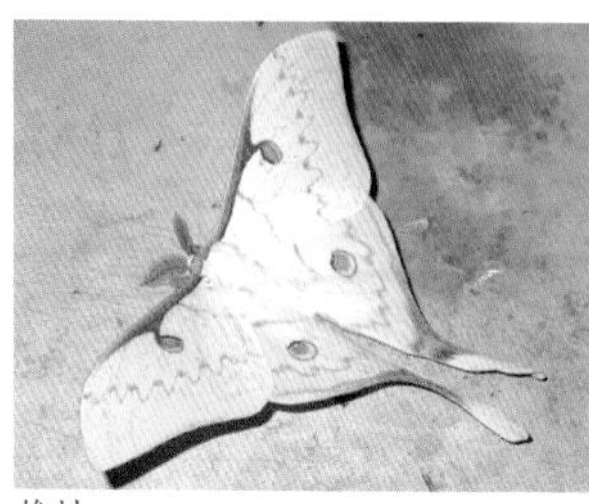

雄性

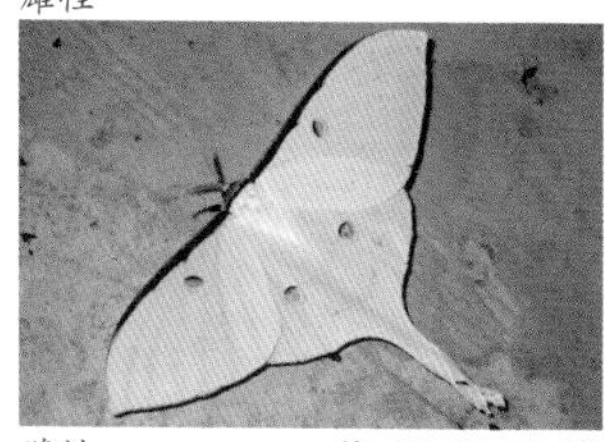

雌性

华尾天蚕蛾

Actias sinensis

翅展80～100 mm；雌雄色彩差异明显；雄蛾体黄色，翅黄色为主；雌蛾体青白色，翅粉绿色为主；雌雄蛾前后翅均带有眼状斑，并都带有波纹状的线条；后翅均有一对长约3～3.5 mm的尾带。

分布于湖北、广东、海南、广西、重庆、四川、西藏、江西、湖南等地。

大豹天蚕蛾

Loepa oberthuri

翅长50～70 mm；前翅前缘灰褐色，顶角橙黄色，内侧有白色波浪纹，白纹下方有半月形黑色横斑直达中脉，后缘前方有橙红色区域；中室端有橙红色眼纹，眼斑内上方镶有黑边并与前缘靠近。

分布于陕西、湖北、江西、福建、云南、重庆、四川、贵州等地。

粤豹天蚕蛾
Loepa kuangdongensis

翅展70～90 mm；体黄色，前翅前缘黄褐色；前后翅都有多组紫红色波浪状线条，中室端部各有椭圆形眼装斑一个，紫褐色，且斑内又套有小斑；前翅顶角下方有一卵圆形黑斑。

分布于西南、华中、华南等地。

王氏樗天蚕蛾
Samia wangi

翅展130～160 mm；翅青褐色，前翅顶角外突，端部钝圆，内侧下方有黑斑，斑的上方有白色闪形纹；内线、外线均为白色，有黑边，外线外侧有紫色宽带，中室端有较大新月形半透明斑；后翅色斑与前翅相似。

分布于西南、华南、台湾等地。

银杏天蚕蛾
Caligula japonica

翅展117～130 mm；前翅前缘基部有紫色和白色的鳞毛，中间有较宽的淡色区，亚外缘线黑褐色，双波状纹，前翅中室端有月牙形透明斑，周围有白色及黑色轮纹。

分布于东北、华北、华东、华南、西南等地。

枯球箩纹蛾

Brahmophthalma wallichii

翅展150 mm左右；前翅中带上部外缘呈齿形外突，顶角内侧有1横黄色区，在较明显的3根翅脉上有许多“人”字形纹。后翅中线弯曲度较大，基部黄色加深；外缘下方只有3个半球形斑，其余呈曲线形纹。

分布于湖北、湖南、福建、台湾、重庆、四川、云南、贵州等地。

天蛾科
Sphingidae

甘薯天蛾

Herse convolvuli

翅展86～100 mm；前翅内、中、外横线棕褐色，均为锯齿状双线组成，顶角有黑色波状斜纹；腹部各节两侧有白、红、黑3条横纹。

分布于内蒙古、宁夏、新疆、华北、华中、华东、广东、广西、福建、重庆、四川、云南、贵州、西藏等地。

绿背斜纹天蛾

Theretra nessus

翅展110～120 mm；体翅褐色，头及肩板两侧有白色鳞毛，胸背棕色，腹部中央有较宽绿色背线，两侧有金黄色纵条；前翅前缘及基部绿色，从顶角至后缘有棕褐色斜线3条，1条波浪形，其余2条直线；中室端有黑色小点。

分布于广东、福建、台湾、重庆、贵州等地。

双线条纹天蛾

Theretra oldenlandiae

翅展65～70 mm；前胸背线灰褐色，两侧有黄白色纵条；腹部有平行的2条银白色背线，两侧棕褐色及黄褐色，体腹面土黄色；前翅灰褐绿色，顶角至后缘基部有1条较宽黑褐色斜带，斜带外有数条白、褐黑色条纹，中室端有黑点1个。

分布于华北、华东、华中、华南等地。

鬼脸天蛾

Acherontia lachesis

翅展100～120 mm。头部棕褐色，胸部背面有骷髅形纹，眼纹周围有灰棕色大斑；前翅黑色有微小白点骑黄褐色鳞片散生，并由数条各色波状纹；后翅杏黄，有3条宽横带；腹部黄色，各节间有黑色横带。

分布于湖北、福建、台湾、广东、广西、海南、重庆、贵州、云南等地。

锯翅天蛾

Langia zenzeroides

翅展160 mm左右；体翅蓝灰色，胸部背板黄褐色，腹部灰白；前翅自基部至顶角有斜向白色带，并散布紫黑色细点，外缘锯齿状；后翅灰褐色。

分布于北京、重庆、四川等地。

构月天蛾

Parum colligata

翅展66～90 mm；前翅基线灰褐，内线与外线间呈比较宽的茶褐色带，中室末端有1个明显白星，顶角有略呈圆形暗紫色斑，周边呈白色月牙形边。

分布于东北、华北、河南、湖北、台湾、重庆、四川、贵州等地。

咖啡透翅天蛾

Cephonodes hylas

翅展46～58 mm；胸部背面黄绿色，胸部腹面白色；翅透明，脉棕黑色，基部草绿色，顶角黑色；后翅内缘至后角有浓绿色鳞毛。

分布于安徽、湖北、浙江、江西、台湾、福建、广东、广西、重庆、四川、云南、贵州、西藏等地。

舟蛾科

Notodontidae

著蕊尾舟蛾

Dudusa nobilis

翅展70～104 mm；头暗褐色，前胸中央有2个黑点，冠形毛簇和腹背基毛簇端部黑色；腹部黑褐色，每节中央黄白色；前翅黄棕色，前缘中央黄白色，中央有1条暗褐色宽斜带，斜带旁有1枚小三角形银斑。

分布于河北、浙江、湖北、江西、台湾、广东、广西、重庆、四川、贵州等地。

白黑华苔蛾

Agylla ramelana

苔蛾科 Lithosiidae

翅展42～60 mm；白色，雄前翅前缘黑边，外带黑；后翅在中室下角外1黑斑。雌前翅前缘从外线处达翅顶黑边，外线减缩为2个黑点；后翅中室下角外1黑斑。

分布于江西、湖北、湖南、重庆、四川、福建、海南、云南、贵州、西藏等地。

粉蝶灯蛾

Nyctemera plagifera

灯蛾科 Arctiidae

翅展52～57mm；头黄色，颈板黄色，腹部白色；头胸腹部多黑点；翅白色，翅脉暗褐色，暗褐色且沿翅脉扩大成片；后翅白色，也有若干暗褐色斑。

分布于浙江、江西、湖南、广东、广西、河南、重庆、四川、贵州、云南、西藏、台湾等地。

红带新鹿蛾

Caeneressa rubrozonata

鹿蛾科 Ctenuchidae

翅展24～30 mm；头黑色，翅基片红或黄色，端部具有黑毛，或全为黑色；翅斑透明，翅斑大小不一，且有变化；前后翅大部分为透明斑，其余区域黑色。

分布于福建、浙江、重庆等地。

夜蛾科
Noctuidae

霉巾夜蛾

Parallelia maturata

翅展55～56 mm；前翅灰褐色；内线与中线呈紫灰色中带；外线为双线、暗褐色，线间紫灰色；由顶角向内倾斜伸出一黑纹，与外线折角处相接，该黑纹前方为紫黑色。

分布于江苏、浙江、湖北、江西、台湾、重庆、四川、贵州等地。

中金夜蛾

Diachrysia intermixta

翅展37 mm左右；头部及胸部红褐色，翅基片及后胸褐色，腹部黄白色；前翅棕褐色，基线与内线灰色，斑纹斜，细灰边，肾纹灰色细边；前翅近中部有一大金斑；后翅基半部微黄，外部褐色。

分布于河北、陕西、福建、重庆、四川、贵州等地。

旋皮夜蛾

Eligma narcissus

翅展70 mm左右；前翅前缘区黑色，其后缘弧形并衬以白色，其余部分紫褐灰色；后翅大部杏黄色，端区1蓝黑色宽带，向后渐窄，其上有1列粉蓝晕斑，缘毛白色，亚中褶后黄色。

分布于河北、山东、福建、浙江、湖北、四川、贵州、云南等地。

青安钮夜蛾

Anua tirhaca

翅展60～70 mm；前翅黄绿色，端区褐色，环纹为1个黑点，肾纹褐色，内缘直，外线外弯，后端与内线相遇，前端有1块半圆形黑棕斑，亚端线暗褐色，不整齐锯齿形，端线黑褐色，锯齿形；后翅黄色，亚端线为黑色宽带。

分布于江苏、浙江、湖北、江西、广东、广西、重庆、四川、贵州、云南等地。

蓝条夜蛾

Ischyja manlia

翅展 85～100 mm；前翅基半部暗棕褐色，外半部色稍淡，分界明显，呈一浓色细线；环纹淡棕褐色，圆形，具有棕褐色轮廓线；肾纹也呈淡棕褐色；后翅深浅两色分界线的外侧有一宽弧形微闪紫光的粉蓝斑。

分布于浙江、湖南、广西、广东、福建、重庆、贵州、云南等地。

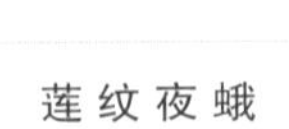

莲纹夜蛾

Prodenia litura

翅展 33～38 mm；前翅灰褐色，斑纹复杂，内横经及外横线灰白色，波浪形，中间有白色条纹，在环状纹与肾状纹间，自前缘向后缘外方有 3 条白色斜纹。

分布于全国各地。

中带三角夜蛾

Chalciope geometrica

翅展约43 mm；前翅棕褐色，在中部有一黑绒色的三角区，其外侧为细黄白色外线，中间为宽黄白色中线，此二线相互平行，外线的外侧衬有一褐色条，再外则有齿形曲折的黄绒色斜伸至顶角。

分布于浙江、湖北、台湾、广东、重庆、四川、贵州等地。

绿角翅夜蛾

Tyana falcata

翅展28 mm左右；体绿色，复眼黑色；前翅绿色，前缘褐色，中室横脉两端各1褐点，缘毛白色；后翅白色。

分布于福建、台湾、重庆、四川等地。

枯叶夜蛾

Adris tyrannus

翅展96～106 mm；头胸部棕褐色，腹部杏黄色，触角丝状；前翅色似枯叶深棕微绿，顶角尖，外线弧形内斜，后缘中部内凹，翅脉上有许多黑褐小点，翅基部及中央有暗绿色圆纹；后翅杏黄色，有一肾形黑斑及一牛角形黑纹。

分布于辽宁、河北、山东、河南、山西、陕西、重庆、湖北、江苏、浙江、台湾等地。

缟裳夜蛾

Catocala fraxini

翅展90 mm左右；头部及胸部灰白色间杂黑褐色；前翅灰白色，密布黑色细点，并有多组波浪形纹；后翅黑棕色，中带粉蓝色，外缘黑色波浪形，缘毛白色。

分布于东北、华北等地。

弄蝶科
Hesperiidae

直纹稻弄蝶

Parnara guttata

翅展37 mm左右。翅正面褐色，前翅具有透明白斑7～8枚，排成半环形；后翅中央有4个白色透明斑，排成一直线。翅反面色淡，斑纹褐正面相似。

分布于河北、黑龙江、宁夏、甘肃、陕西、山东、河南、江苏、安徽、浙江、湖北、江西、湖南、福建、台湾、广东、广西、重庆、四川、贵州、云南等地。

黑豹弄蝶

Thymelicus sylvaticus

翅展30 mm左右。翅橙黄色，脉纹暗褐色，外缘区有暗褐色宽带，前翅中室外侧有暗色斑；缘毛基部褐色，端黄灰色。反面橙黄色，脉纹及两侧黑色，但很细，前翅基部、后角及后翅外缘暗褐色。

分布于黑龙江、辽宁、山东、山西、河南、陕西、甘肃、重庆、湖北、湖南、江西、福建等地。

旖弄蝶

Isoteinon lamprospilus

翅展33 mm；翅正面黑褐色，外缘毛黑白相间；前翅近顶角有3白斑排成斜列，翅中部有4个方形透明白斑；后翅正面无斑纹。

分布于浙江、江西、福建、湖北、台湾、广东、海南、广西、重庆、四川、贵州等地。

斑星弄蝶

Celaenorrhinus maculosus

翅展43 mm左右；翅正面棕褐色，前翅斑纹白色，亚顶端有白色小点5个，中区有白斑5个；后翅黄色斑纹15个，基部有黄色放射状条纹。

分布于河南、浙江、福建、江苏、湖北、重庆、四川、贵州、台湾等地。

曲纹袖弄蝶

Notocrypta curvifascia

翅展约40 mm；翅黑褐色，前翅中部有1白带，斜向排列，较宽；近顶端有两组小白斑，分别为4个和3个；后翅无斑。

分布于重庆、四川、贵州、云南、香港、台湾等地。

绿弄蝶

Choaspes benjaminii

翅展50 mm左右；前翅正面暗褐色，基部绿色；后翅臀角沿外缘有橙黄色带；翅反面黄绿色，翅脉黑色；后翅臀角有大片橙红色纹，其间散布黑色斑点。

分布于陕西、河南、浙江、湖北、江西、福建、台湾、广东、广西、重庆、香港、云南等地。

无趾弄蝶

Hasora anura

翅展50 mm左右；雄蝶前翅亚端部通常有1～2个小白点；雌蝶前翅正反面除亚缘有3个小黄点外，还有3个较大的方形黄斑，后翅中室端有1个黄白色斑，并有小的黄白色条纹，臀角不明显突出，无黑色臀角斑。

分布于陕西、河南、浙江、江西、福建、台湾、海南、香港、重庆、四川、云南等地。

黑弄蝶

Daimio tethys

翅展38 mm左右；翅黑色，缘毛和斑纹白色；前翅顶角和中部各有5枚白斑；后翅中部有1条白色横带，其外缘有黑色圆点；后翅反面基半部白色，内有几个黑点。

分布于北京、黑龙江、吉林、辽宁、河北、山东、河南、陕西、甘肃、山西、重庆、四川、云南、贵州、湖北、湖南、浙江、江西、福建、海南、台湾等地。

飒弄蝶

Satarupa gopala

翅展 54～70 mm；前翅有 1 条由 10 余个白色斑组成的斜带，中室中部有1个白色斑；后翅中部有1条极宽的白色横带，外侧有1列黑褐色斑点，仅近前缘的 1 个在白色带内；后翅反面基半部全为粉白色；腹部白色。

分布于黑龙江、辽宁、河南、陕西、甘肃、湖南、江西、重庆、四川、广西、浙江、福建、海南等地。

柑橘凤蝶

Papilio xuthus

翅展 100 mm 左右；翅黄绿色，沿脉纹有黑色带；外缘有黑色宽带，前翅黑色宽带中嵌有 8 个绿黄色新月斑，其内方有蓝色斑列，臀角处有 1 个橙色圆斑，内中具 1 黑点。

分布于全国各地区。

金凤蝶

Papilio machaon

翅展 85 mm 左右；翅金黄色，翅脉黑色。前翅外缘具有黑色宽带，其间排列有8个黄色斑点；翅基黑色，上面密布黄色鳞片，中室端部有 2 个黑斑。后翅外缘也有黑色宽带，带中间有6个黄色新月斑及由蓝色鳞片组成的一列圆斑，臀角处有一橙色圆斑。

分布于黑龙江、吉林、河北、福建、江西、浙江、广西、广东、新疆、陕西、甘肃、重庆、四川、贵州、云南、西藏、台湾等地。

碧凤蝶
Papilio bianor

翅展90～135 mm；体翅黑色，遍布翠绿色鳞片；前翅端半部色浓，翅脉间多散布黄色和蓝色鳞；后翅亚外缘有6个粉红色和蓝色飞鸟形斑，臀角有1个半圆形粉红色斑，翅中域特别是近前缘形成大片蓝色区，反面色淡，斑纹非常明显；雄蝶前翅有非常明显的天鹅绒状性标。

分布于全国各地。

玉带凤蝶
Papilio polytes

翅展90～110 mm；雄蝶前翅外缘有1列白斑，后翅中部有1列白斑排列成带状；后翅反面外缘凹陷处有橙色点，亚外缘有1列橙色新月形，翅中部亦有1列横白斑；雌蝶多型，白带型后翅外缘斑似雄蝶反面，翅中域有6个白斑，近后缘2个斑红色；赤斑型，后翅中域无白斑列，中外方有2个长形小蓝斑，近后缘为2个长形大红斑。

分布于甘肃、青海、陕西、河北、河南、湖南、湖北、山东、山西、江西、浙江、江苏、海南、广西、重庆、四川、贵州、云南等地。

蓝凤蝶
Papilio protenor

翅展95～120 mm；翅黑色，有靛蓝色天鹅绒光泽。雄蝶后翅正面前缘有黄白色斑纹，臀角有外围红环的黑斑；后翅反面外缘有几个弧形红斑，臀角具有3个红斑。雌蝶后翅正面臀角外围有带红环的黑斑1个及弧形红斑1个；后翅反面与雄蝶相同。

分布于华西、华南、海南、贵州等地。

宽尾凤蝶

Agehana elwesi

翅展130 mm左右；前翅前缘色深，中室内有数条黑色纵纹；后翅外缘波状，波谷红色，外缘区有6枚弯月形红色斑纹，尾突宽大呈靴形；有的中室端半部呈白色，故称“白斑型”。

分布于贵州、重庆、四川、陕西、湖北、江西、浙江、福建、广东、广西等地。

铁木剑凤蝶

Pazala timur

翅展65 mm左右；前翅中横线中部向内弯曲，外缘到外横线之间几乎布满黑色鳞粉；后翅中横带在后端分叉；亚外缘纹有波折，与外缘平行。

分布于江苏、浙江、福建、台湾、重庆等地。

青凤蝶

Graphium sarpedon

翅展76 mm左右；翅窄长，底色黑，无尾状突起；前后翅中央贯穿1列略呈方形蓝绿斑，后翅外缘有1列蓝绿色的新月斑；后翅反面近基部有1条红色短线，翅中部至后缘处有数条红色斑纹。

分布于陕西、浙江、湖北、江西、湖南、福建、台湾、广东、海南、广西、重庆、四川、贵州、云南、西藏等地。

小黑斑凤蝶

Chilasa epycides

翅展80~85 mm；翅草黄色，前后翅沿翅脉加黑；前翅顶角浅黑色，外缘和亚外缘具黑带纹，其脉间隐见草黄色斑7~8个，中室有3条纵行黑线；后翅外缘和亚外缘黑色，脉间可见2列草黄色点斑；中室具有2条纵行黑线；臀角处有1圆形橙黄色斑。

分布于中国西部、西南及浙江、福建、台湾等地。

碎斑青凤蝶

Graphium chironides

翅展70 mm左右；翅黑褐色，斑纹淡绿色；前翅中室有5枚斑纹排成1列；亚顶角有2枚斑点；亚外缘区有1列小斑；中区有1列斑从前缘伸到后缘；后翅基半部有5~6枚大小不同的纵斑；亚外缘区有1列点状斑。

分布于浙江、湖南、海南、广东、广西、重庆、四川、福建、贵州等地。

粉蝶科

Pieridae

菜粉蝶

Pieris rapae

翅展55 mm左右；翅面和脉纹白色，翅基部和前翅前缘较暗；雌蝶特别明显，前翅顶角和中央2个斑纹黑色，后翅前缘有1个黑斑。

分布于全国各地。

东方菜粉蝶

Pieris canidia

翅展 52～60 mm；翅白色，前翅中部外侧的 2 个黑斑和后翅前缘中部的 1 个黑斑比菜粉蝶的大而圆，顶角同外缘的黑斑连接；后翅外缘脉端有三角形黑斑；翅反面除前翅中部 2 个黑斑清晰外，其余斑均模糊。

分布于除黑龙江、内蒙古和新疆北部外其他各省。

飞龙粉蝶

Talbotia naganum

翅展 65 mm 左右，雌雄异形；前翅正面白色，顶端部黑色，亚缘处有 2 枚较大的黑色圆斑；中室末端有 1 枚小黑斑；前翅反面顶端部的黑斑消失，仅有 3 枚黑斑存在；后翅正面白色，反面淡黄色，均无斑纹。

分布于湖北、浙江、江西、福建、广东、重庆、贵州、台湾等地。

暗脉菜粉蝶

Pieris napi

翅展50 mm；翅脉黑色，前翅正面脉纹、顶角及后缘均为黑色，但近外缘的两个黑斑较小，不很清晰；后翅前缘外侧有一黑色圆斑，反面淡黄色较淡，翅脉部分黑色较浓；此种有春夏两型：春型较小，翅稍细长，黑色部分较浓；夏型较大，体色相对较淡。

分布于全国各地。

斑缘豆粉蝶

Colias erate

翅展50 mm左右；雄蝶翅黄色，前翅外缘宽阔的黑色区有黄色纹，中室端有1黑点；后翅外缘的黑纹多连呈列；中室端的圆点在正面为橙黄色，反面为银白色，外有褐色圈。雌蝶翅白色，斑纹同雄蝶。

分布于黑龙江、辽宁、山西、陕西、河南、湖北、新疆、西藏、江苏、浙江、福建、重庆、贵州、云南等地。

橙黄豆粉蝶

Colias fieldii

翅展55 mm左右，雌雄异型；翅为橙黄色，前后翅外缘的黑带较宽，雌蝶带中有橙黄斑，雄蝶则无，前后翅中室端的黑点和橙黄点较大。

分布于甘肃、青海、陕西、山东、山西、湖北、重庆、四川、贵州、河南、广西、云南等地。

雄性

雌性

黄尖襟粉蝶

Anthocharis scolymus

翅展40 mm左右；翅白色，前翅中室端有1个黑斑，顶角尖出，略呈钩状，有3个黑点排成三角形，雄蝶在三角形中有1个橙黄色斑；后翅可透视反面的云状斑。雌蝶后翅反面云状斑呈栗褐色，其端半部呈棕黄色。

分布于黑龙江、辽宁、青海、陕西、山西、河北、河南、重庆、湖北、浙江、福建等地。

宽边黄粉蝶
Eurema hecabe

翅展45 mm左右；翅深黄色到黄白色，前翅外缘有宽黄带，直到后角；后翅外缘黑色带窄且界限模糊；翅反面布满褐色小点，前翅中室内有2个斑纹，后翅呈不规则圆弧形；后翅反面有许多分散的点状斑纹，中室端部有一肾形纹。

分布于全国各地。

雌性

圆翅钩粉蝶
Gonepteryx amintha

雄性

翅展70 mm左右；雄蝶前翅正面深柠檬黄色，前缘和外缘有褐色端点，中室端脉上有暗橙黄色圆斑1枚；后翅外缘也有脉端点；雌蝶白色，翅反面黄白色，中室端斑淡紫色；后翅脉端尖出不明显。

分布于河南、陕西、浙江、重庆、四川、贵州、云南、西藏、台湾等地。

眼蝶科
Satyridae

睇暮眼蝶

Melanitis phedima

翅展70 mm左右；前翅外缘和后翅外缘突出成角状；前翅近顶角有1黑色圆斑，斑内和纹上各有1个白点，上方有橙红色纹；反面的颜色和斑纹因季节变化比较大；夏型色浅，眼状斑非常明显，秋型色深，眼状纹退化甚至消失。

分布于江西、重庆、贵州、云南、福建、台湾、广东、广西、海南、西藏等地。

门左黛眼蝶

Lethe manzora

翅展60 mm左右；前翅中室内有2条棕褐色横线，中室外侧有1条略倾斜的棕褐色带；后翅亚外缘有5～6个眼状斑，前缘中央至中室内有1条棕褐色横带，棕褐色中横带自前缘伸至臀角。

分布于江西、湖北、重庆、四川、陕西等地。

白条黛眼蝶

翅展55 mm左右；前翅反面中室内有1条白色窄带，中室外具1条斜白窄带和1条直白窄带，亚外缘可见4～5个小黑斑；后翅反面外缘线白色波状，亚外缘具6枚眼状纹；中部有1条白带，另1条白带沿眼状纹内侧至臀角处。

分布于江西、重庆、四川、河南等地。

白带黛眼蝶

Lethe confusa

翅展60 mm左右；前翅黑褐色，中域有1条白色斜带，翅顶角有2个小白斑；翅反面除具备正面斑纹外，前翅顶角有4个眼状斑；后翅有淡色波曲的内线、中线、外线及缘线，亚缘有6个眼状纹。

分布于浙江、湖北、福建、广东、广西、重庆、四川、贵州、云南等地。

网眼蝶

Rhaphicera dumicola

翅展50 mm左右；翅黄褐色，斑纹褐色；前翅沿外缘各室有橙色斑，近顶角有3个褐色圆点，中室内有2条横带；后翅近臀角第3室的橙黄色斑宽大醒目，亚缘有6个褐色圆点；反面黄白色，斑纹较正面清晰。

分布于河南、陕西、湖北、江西、浙江、重庆、四川等地。

牧女珍眼蝶

Coenonympha amaryllis

翅展33 mm左右；翅黄褐色，外缘有黑色细线，反面外缘有银白色细线；眼状纹黑色围有黄褐色环及白心，前翅4个，后翅6个，从正面可以透视。

分布于黑龙江、北京、河北、山东、河南、陕西、宁夏、青海、浙江、新疆等地。

矍眼蝶

Ypthima balda

翅展36 mm左右；前翅正面中室端外侧有1个黑色眼斑，中心有2个蓝白色瞳点；后翅正面外缘有2个黑色眼斑，中心有蓝白色瞳点；后翅反面亚外缘有6个黑色眼状纹，其中有2个眼斑相连；前翅反面密布棕褐色网纹。

分布于河南、重庆、四川、贵州、浙江、福建、江西、湖北、湖南、黑龙江、山西、广东、广西、青海、海南、台湾、西藏等地。

白斑眼蝶

Penthema adelma

翅展90 mm左右；前翅正面亚外缘有2列小白点，内侧1列稍大；前缘中部斜向后角有1列大白斑，后3个最大，中室端也有1个大白斑；后翅正面亚外缘有1列白斑。

分布于陕西、重庆、四川、浙江、江西、湖北、广西、福建、贵州、台湾等地。

斑蝶科
Danaidae

大绢斑蝶

Parantica sita

翅展80～90 mm；翅青白色，半透明，前翅脉纹黑色；前缘、后缘的端部一半黑色，顶角区黑色，有放射状青白色斑；外缘宽带黑色，有大小青白色小点2列；后翅脉纹、前缘、外缘及臀区红褐色；雄蝶后翅反面有长圆形块状“香鳞斑”。

分布于海南、广东、广西、云南、重庆、四川、贵州、西藏、江西、浙江等地。

金斑蝶

Danaus chrysippus

翅展70 mm左右；翅面底色橙黄，前翅前缘、端部及外缘黑褐色，亚端部横列4个大白斑，顶角和外缘附近有几个小白斑；后翅外缘有黑褐色带，其中有1列白点，中室端有3个黑褐色斑；翅反面类似正面，但前翅顶角域黄褐色。

分布于广东、广西、台湾、福建、云南、贵州、重庆、四川、江西、湖北、陕西等地。

虎斑蝶

Danaus melanippus

翅展85 mm左右；前翅各边缘黑色，翅端有大的黑色区，区内有1条白色斜带，该带由5个相邻的白色棒状斑组成，附近有几个小白点；外缘有2列小白点；后翅外缘内有2列白色小点，内侧有时不明显。

分布于河南、重庆、四川、贵州、云南、西藏、浙江、江西、福建、广东、广西、海南、台湾等地。

环蝶科 Amathusiidae

箭环蝶

Stichophthalma howqua

翅展98～110 mm；翅正面浓橙色，前翅顶角黑褐色，外缘有1条褐色细线，并有一列鱼纹斑；后翅鱼纹斑大而显著；翅反面略带红色，前后翅中央近基部有2条横波状纹；沿翅中央各有5个红褐色眼斑，外缘有2条波状线。

分布于陕西、浙江、湖北、江西、福建、广东、广西、重庆、四川、贵州、云南、台湾等地。

灰翅串珠环蝶

Faunis aerope

翅展83 mm左右；翅正面浅灰色，翅脉、顶角和前、外缘较浓；翅反面灰色较深，两翅有棕褐色波状基线，中线和端线各1条，中域有1列大小不等的白色圆点。

分布于广西、湖南、重庆、四川、贵州、陕西、云南等地。

蛱蝶科
Nymphalidae

散纹盛蛱蝶

Symbrenthia lilaea

翅展40～45 mm；翅正面黑色，前翅中室有一条橙红色纵带伸至中域，前翅顶角有1个小红斑；后翅具角状突出，亚外缘与中域有2条宽的橙红色带；翅面另有不规则的波状线及较规则的中外波状横纹交织在一起。

分布于江西、福建、广西、贵州、云南、台湾等地。

枯叶蛱蝶

Kallima inachus

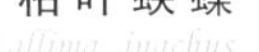

翅展85～110 mm；翅褐色或紫褐色，有藏青色光泽，两翅的亚缘均有1条深色波状的横线。前翅顶角尖，中域有1条宽的黄白色斜带；后翅具尾状突起；翅反面呈枯叶色，静息时从前翅顶角臀角处有1条深褐色的横线，加上几条斜线和斑块、斑点，酷似枯叶。

著名拟态昆虫；分布于陕西、重庆、四川、贵州、云南、西藏、浙江、江西、福建、广东、广西、海南、台湾等地。

网丝蛱蝶

Cyrestis thyodamas

翅展55～60 mm；翅正面白色或淡黄色，脉纹褐色清晰，整个翅面的线条和斑纹均为黑褐与赭色或黄色等混合形成，两翅有不少条纹从前翅穿过后翅达臀缘，与翅脉相交形成网纹；前翅顶角尖，有精致的黑褐色镶边；后角有1枚赭色杂以黄绿色似花束的斑；后翅臀角有2枚似前翅后角的花纹。

分布于浙江、江西、重庆、四川、云南、西藏、广东、广西、贵州、台湾等地。

黑脉蛱蝶

Hestina assimilis

翅展75～80 mm；翅淡绿白色，脉纹黑色；前翅有几条横带，留出淡绿色部分成斑状；后翅亚外缘后半部有4～5个红色斑，斑内有黑点。

分布于黑龙江、辽宁、河北、山西、陕西、山东、河南、甘肃、浙江、福建、广东、广西、湖南、湖北、江西、重庆、四川、贵州、云南、西藏、台湾等地。

拟斑脉蛱蝶

Hestina persimilis

翅展60～69 mm；翅淡绿白色，脉纹黑色；前翅有几条横带，留出淡绿部分成斑状；后翅无红色斑，各室亚缘有黑色小眼斑。

分布于河北、河南、重庆、福建、浙江、台湾等地。

翠蓝眼蛱蝶

Junonia orithya

翅展45 mm；雄蝶前翅基部藏青色，后翅宝蓝色；前翅中部有白色斜带，前后翅各有2个眼状纹，外缘灰黄色。雌蝶基部伸褐色，眼状斑比雄蝶大而醒目；本种季节型明显；秋型前翅反面色深，后翅多为深灰褐色，斑纹模糊。

分布于陕西、河南、江西、湖北、湖南、浙江、云南、重庆、贵州、广西、广东、香港、福建、台湾等地。

美眼蛱蝶

Junonia almana

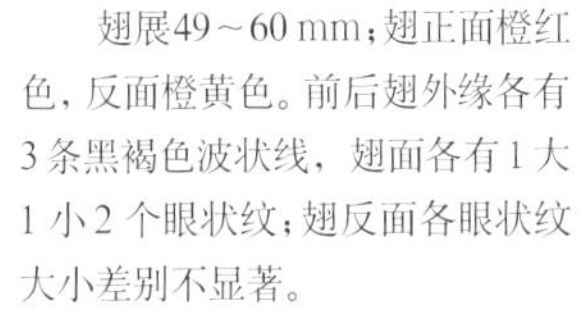

翅展49～60 mm；翅正面橙红色，反面橙黄色。前后翅外缘各有3条黑褐色波状线，翅面各有1大1小2个眼状纹；翅反面各眼状纹大小差别不显著。

分布于河北、河南、陕西、西藏、云南、重庆、四川、贵州、湖北、湖南、江西、浙江、福建、江西、广东、海南、香港、台湾等地。

琉璃蛱蝶

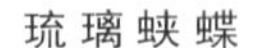

Kaniska canace

翅展55～60 mm；前翅外缘呈波状圆弧状；翅正面黑褐色，亚顶端部有1个白斑；前后翅外中区贯穿1条蓝色宽带，带在前翅呈Y状，在后翅有1列黑点；后翅外缘突出呈齿状；翅反面基半部褐色，后翅中室有1个白点。

分布于全国各地。

残锷线蛱蝶

Limenitis sulpitia

翅展65 mm左右；翅正面黑褐色，斑纹白色；前翅中横脉斑列弧形排列，后翅中横带极倾斜，到达翅后缘的1/3处；亚缘带的大部分与中横带平行；翅反面红褐色，除白色斑纹外有黑色斑点，还有白色的外缘线。

分布于海南、广东、广西、湖北、江西、浙江、福建、台湾、河南、重庆、四川、贵州等地。

断眉线蛱蝶

Limenitis doerriesi

翅展70 mm左右；前后翅外缘线及亚缘线均明显；前翅中室内眉状斑中断；后翅亚缘线斑列中均有黑点，中横带S形弯曲。

分布于黑龙江、河南、重庆、湖北、云南等地。

蔼菲蛱蝶

Phaedyma aspasia

翅展62～70 mm；翅黑褐色，斑纹淡黄色或黄白色；前翅具有“曲棍球杆”状斑纹；后翅前缘镜纹很大，极为显著，反面中室内无斑点。

分布于贵州、重庆、四川、云南、浙江等地。

链环蛱蝶

Neptis pryeri

翅展52～58 mm；翅正面黑褐色，斑纹白色，前翅正面中室条窄，分割成4段，后翅具有白色外带，前翅上、下外带的外侧有几个白斑；后翅反面斑纹明显，在基域内有许多黑点。

分布于陕西、重庆、四川、河南、江苏、吉林、贵州、台湾等地。

紫闪蛱蝶
Apatura iris

翅展59～64 mm；翅黑褐色，雄蝶有紫色闪光；前翅约有10个白斑，中室内有4个黑点；反面有1个黑色蓝瞳眼斑，围有棕色眶；后翅中央有1条白色横带，并有1个与域前翅相似的小眼斑；反面白色带上端很宽，下端尖削成楔形带，中室端部尖出显著。

分布于吉林、宁夏、甘肃、青海、陕西、河南、湖北、重庆、四川等地。

青豹蛱蝶
Damora sagana

翅展74～80 mm；雌雄异型；雄蝶翅橙黄色，前缘中室外侧有1近三角形橙色无斑区；后翅中央“<”黑纹外侧也有1条较宽的橙色无斑区；雌蝶翅青黑色，中室内外各有1个长方形大白斑，后翅沿外缘有1列三角形白斑，中部有1条白色宽带。

分布于黑龙江、吉林、陕西、河南、浙江、福建、广西、重庆、贵州等地。

左雌右雄

雄性

雌性

斐豹蛱蝶
Argyreus hyperbius

翅展55～65 mm；雌雄异型；雄蝶翅橙黄色，后翅外缘黑色具蓝白色细弧纹，翅面有黑色圆点；雌蝶前翅端半部紫黑色，中间有1条白色斜带；反面斑纹和颜色与正面有很大差异。

分布于全国各地。

西藏翠蛱蝶

Euthalia thibetana

翅展 70 mm 左右；翅暗绿色或绿褐色，斑纹黄白色，外缘波状明显；前后翅中带几乎与外缘平行；后翅中带内缘平直；翅的边缘波状，并具有明显的黑边。

分布于陕西、河南、云南、重庆、贵州、台湾等地。

素饰蛱蝶

Stibochiona nicea

翅展 55 mm 左右；翅面黑色，反面棕色。前翅外缘有 1 列整齐的小白斑，中室外侧也有数个小白点；后翅外缘有 1 列白斑，白斑内侧有 1 列黑点和蓝色带。

分布于贵州、云南、浙江、江西、福建、广东、广西、海南、重庆、四川、西藏等地。

二尾蛱蝶

Polyura narcaea

翅展70～75 mm；前翅基部淡黑色，前缘有 1 条黑色宽带，外缘与亚缘的 2 条黑色宽带平行，其间为淡绿色的斑列；后翅基部淡黑色，后中域有1条黑色斜带，外缘黑色，共有 2 个尾突。

分布于河北、河南、山东、山西、陕西、甘肃、重庆、四川、贵州、云南、湖北、湖南、浙江、江西、福建、广东、广西、台湾等地。

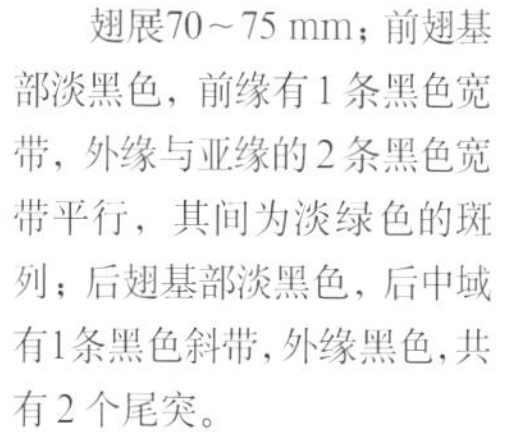

白带螯蛱蝶

Charaxes bernardus

翅展68 mm左右；翅正面红棕色或黄褐色，反面棕褐色。前翅有很宽的黑色外缘带，中区有白色横带；后翅亚外缘有黑带；反面前翅中室内有3条短黑线，后翅在1列小白点的外侧有小黑点，斑纹同正面，但颜色浅。

分布于重庆、四川、云南、浙江、江西、湖南、福建、广东、海南、香港等地。

曲纹蜘蛱蝶

Araschnia doris

翅展42～50mm；翅正面黑褐色，中横带黄白斑不连成1条直线；亚外缘3条橙红色细线互相交接，划出大小不同的2列黑斑；翅反面黄褐色或红褐色，脉纹与不规则的横线黄色，组成蜘蛛网状纹。

分布于陕西、河南、湖北、重庆、四川、浙江、福建、贵州等地。

小红蛱蝶

Vanessa cardui

翅展50～55 mm；前翅正面半部棕黑色，亚顶部有很多白色斑点，在赭橙色的中域区有3个棕黑色不规则的斑，它们相连而组成1条斜带；基部浅棕色；后翅端部橙红色，外缘、亚缘和后中域均有黑棕色斑列；基部淡棕色。

分布于陕西、甘肃、河南、重庆、四川、贵州、云南、浙江、福建、台湾等地。

黄钩蛱蝶

Polygonia c-aureum

翅展50~60 mm;季节型分明;翅黄褐色,基部有黑色斑;前翅中室内3枚黑色斑;后翅基部有1个黑点;前后翅外缘突出部分尖锐（秋型更显著),后翅反面有“L”形的银色纹。

分布于全国各地。

秀蛱蝶

Pseudergolis wedah

翅展55 mm左右；翅正面赭色，前后翅中室内各有2个肾形环纹，前翅端半部有3条黑线，亚缘线内侧有等距离排列的黑点；前翅4个，后翅5个；翅反面暗褐色，外缘线细，锯齿状，两边淡紫色，中域有2条黑褐色波状宽带。

分布于陕西、云南、重庆、贵州等地。

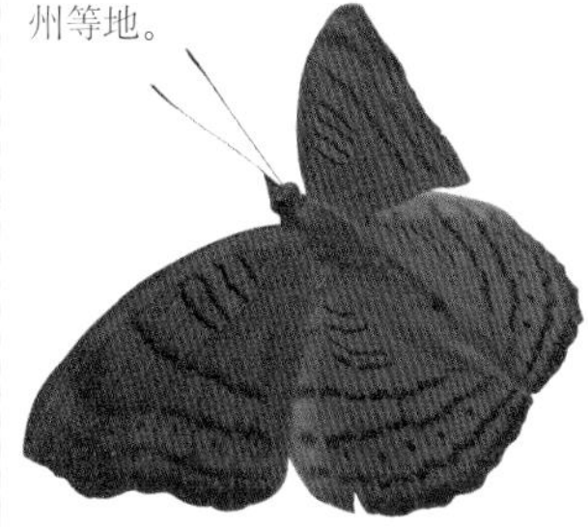

珍蝶科

Acraeidae

苎麻珍蝶

Acraea issoria

翅展60 mm左右；翅褐黄色，外缘有褐色的宽带，内嵌有灰白色的斑点；雄蝶前翅中室端有1条横纹，雌蝶在端纹内外各有1条横纹，后缘还有1个孤立的黑斑；反面后翅外缘三角形斑列内侧有1条褐红色的窄带。

分布于甘肃、湖北、湖南、重庆、四川、贵州、云南、西藏等地。

喙蝶科
Libytheidae

朴喙蝶
Libythea celtis

翅展45～50 mm；下唇须长，突出在头前方呈喙状；翅黑褐色，前翅顶角突出呈镰刀的端钩，近顶角有3个小白斑，中室内有1个钩状红褐斑，同其外侧的圆形红褐斑相接触；后翅外缘锯齿状，中部有1条红褐色横带。

分布于北京、辽宁、河北、陕西、陕西、甘肃、河南、湖北、浙江、福建、重庆、贵州、四川、广西、台湾等地。

蚬蝶科
Riodinidae

白带褐蚬蝶
Abisara fylloides

翅展40 mm左右；翅面色浅，斜带白色，翅缘有白色缘毛，后翅外缘带有一列黑色斑纹；雌蝶斜带较雄蝶细，后翅中部有1条模糊细条纹。

分布于浙江、湖北、江西、福建、海南、重庆、四川、云南等地。

波蚬蝶
Zemeros flegyas

翅展35 mm左右；翅面绯红褐色，脉纹色浅；有白点，在每个白点的内方均连有1个深褐色斑；前翅外缘波曲，后翅外缘中部突出。翅反面色淡，斑纹清晰。

分布于浙江、江西、湖北、福建、广东、广西、海南、重庆、四川、贵州、云南、西藏等地。

银纹尾蚬蝶
Dodona eugenes

翅展36 mm左右；翅面黑褐色，前翅外缘较直，顶部有几个小白点，端半部橙黄色斑，基半部有2条横斑直达后缘；后翅外缘波曲明显，斑纹长形直达臀角，臀角突出或耳垂状，其外侧有尾状突。

分布于海南、广东、福建、台湾、浙江、江西、河南、重庆、贵州、云南、西藏等地。

蛇目褐蚬蝶
Abisara echerius

翅展将近40 mm；翅面底色由黑褐色、棕红色到褐黄色，因季节而变化；前翅外域由2条较宽的淡色横带；中室内有1个褐色细斑；后翅外域有一宽二窄共3条浅色横纹，在顶角有2个冠以白色黑斑，臀角域也有2个较小的斑。

分布于重庆、浙江、福建、广东、广西、海南、香港等地。

灰蝶科
Lycaenidae

浓紫彩灰蝶
Heliophorus ila

翅展28 mm左右；正面黑褐色，部分区域有深紫蓝色光泽；后翅外缘有2个橙红色新月斑；翅反面橙黄色，前翅外缘有窄的赤红带，外缘有黑色，臀角有1个长形黑斑，具有白边。

分布于福建、江西、广东、广西、重庆、四川、贵州、陕西、河南、海南、台湾等地。

雄性

雌性

霓纱燕灰蝶

Rapala nissa

翅展37 mm左右；翅面红褐色到蓝黑色；前翅基半部和后翅的大部分有紫蓝色的闪光，有时在中室端外出现红斑；雄蝶后翅有个长椭圆形的毛簇；臀角呈叶状，镶有围橙黄色边的圆形黑斑；尾突细长。

分布于黑龙江、河北、河南、湖北、浙江、江西、广西、云南、陕西、重庆、贵州、台湾等地。

靛灰蝶

Caerulea coeligena

翅展36～42 mm；雄蝶正面青蓝色，前翅外缘弧形，顶角和外缘有细窄黑色带，后翅前缘与后缘为淡灰色；雌蝶前翅前缘、外缘和后翅前缘有黑色宽带，前翅后缘黑带较窄，中央部分暗青蓝色。

分布于陕西、河南、湖北、重庆、四川、云南等地。

曲纹紫灰蝶

Chilades pandava

翅展29 mm左右；翅面紫蓝色，前翅外缘黑色，后翅外缘有细的黑白边，前翅亚外缘有2条黑白色的灰色带，后中横斑列也具有白边，中室端纹棒状；后翅有2条带内侧有新月纹白边，翅基有3个黑斑，都有白圈，尾突细长，端部白色。

分布于重庆、广西、香港等地。

红灰蝶

Lycaena phlaeas

翅展33 mm左右；翅正面橙黄色，前翅周缘有黑色带，中室的中部和端部各具有1个黑点，中室外自前到后有3，2，2三组黑点；后翅亚缘有1条橙红色带，其外侧有黑点，其余部分均黑色。

分布于河北、北京、黑龙江、河南、浙江、福建、西藏等地。

蚜灰蝶

Taraka hamada

翅展25 mm左右；前后翅均无斑纹，从翅表可透视反面斑纹，缘毛黑白相间；翅反面白色，斑黑色，大而显著，布满整个翅面；雄蝶前翅外缘平直，雌蝶前翅外缘呈弧形。

分布于河南、山东、江西、江苏、浙江、重庆、四川、贵州、福建、台湾等地。

膜翅目包括蜂、蚁类昆虫。全世界已知约12万种，中国已知约9 000种，是昆虫纲中较大的目之一。

以中小型昆虫为主，一般有2对膜翅。前翅大，后翅小，以翅钩列相连接（后翅前缘有1列小钩与前翅后缘连锁），翅脉较特化。口器咀嚼式或嚼吸式。腹部第1节多向前并入胸部，常与第2腹节形成细腰。

绝大多数都是天敌昆虫和传粉昆虫，在农林生产和害虫生物防治上具有重要意义。

叶蜂科 Tenthredinidae

槌腹叶蜂

Tenthredo sp.

体长13 mm左右；体黄褐色，翅浅烟色透明，端部黑褐色；中胸背板具有稀疏刻点，小盾片强烈隆起，具有显著纵脊，刻点大，具有光泽。

分布于浙江、江西、福建、湖南、重庆、贵州、广西等地。

泥蜂科 Sphecidae

黄柄壁泥蜂

Sceliphron madraspatanum

体长15 mm左右；体黑色，具黄斑；翅淡褐透明，翅脉略深；前胸背板和中胸盾片具有密的细横皱纹，侧板具小刻点；腹柄黄色较长。

分布于福建、广东、重庆、四川、云南、贵州等地。

陆马蜂

Polistes rothneyi

马蜂科 Polistidae

体长约23 mm；头宽略宽于胸宽；触角端部黑色，两复眼之间有一黑色横带，其下均为橙黄色；前胸背板中部两侧各有一较小的黑色三角形斑；翅棕色。

分布于福建、黑龙江、辽宁、河北、山东、江苏、浙江、江西、安徽、湖北、广东、广西、重庆、四川等地。

棕马蜂
Polistes sp.

体长约30 mm以上；雌虫棕色，被细绒毛；两触角窝之间有瘤状突起，上颚粗壮，端部4齿黑色，最上有一短齿；前、中、后足各节均呈棕色。

分布于江苏、浙江、重庆、四川、贵州、福建、广东、广西等地。

墨胸胡蜂
Vespa velutina

体长约20 mm，体被棕色毛；头胸黑色，被黑色毛；前胸背板前缘中央向前隆起，前足胫节前缘内侧、跗节黄色，余呈黑色，中、后足胫节、跗节黄色，余呈黑色。

分布于浙江、重庆、四川、贵州、江西、广东、广西、福建、云南、西藏等地。

胡蜂科
Vespidae

金环胡蜂
Vespa mandarinia

大型蜂类，体长近40 mm，体被棕色毛；头宽于胸，两触角窝间三角状平面隆起，头部橘黄色；胸部大部分黑褐色；前、中、后足各节均呈黑褐色，腹部除第6节全呈橙黄色外，其余各节背板均为橙黄色与黑褐色相间。

分布于辽宁、江苏、浙江、湖南、重庆、四川、贵州、河北、山西、陕西、甘肃、江西、福建、广西、湖北、台湾等地。

变侧异腹胡蜂

Parapolybia varia

异腹胡蜂科
Polybiidae

体长约14 mm；头宽与胸宽略等；两触角窝之间隆起呈黄色；翅浅棕色，前翅前缘色略深；前足基节黄色，转节棕色，其余黄色；腹部第1节长柄状，背板上部褐色，第2节背板深褐色，两侧具有黄色斑。

分布于重庆、福建、江苏、湖北、台湾、广东、广西、云南等地。

中华异喙蜾蠃

Allorhynchium chinense

蜾蠃科
Eumenidae

体长15 mm左右；头部宽略窄于胸部宽，额部呈黑色，复眼内缘中部有黄色短纵带；前胸背板黑色，密布粗糙刻点，覆有白色短毛；中胸背板全黑色，小盾片黑色，矩形；翅呈深褐色，带紫色光泽；腹部黑色，覆有白色短毛。

分布于福建、广东、广西、重庆、四川、云南等地。

东方植食行军蚁

Dorylus orientalis

蚁科
Formicidae

雄蚁

大型工蚁体长5 mm；体栗褐色，腹部色浅于头、胸部；头矩形，头前略宽。胸、腹柄节上面扁平，腹部略侧扁。雄蚁体长可达23 mm，黄褐色，密被直立的黄色绒毛；翅黄色透明；体细长，形似胡蜂。

分布于福建、浙江、湖南、四川、云南、贵州等地及尼泊尔、印度、斯里兰卡、缅甸等国家。

日本弓背蚁

Camponotus japionicus

大型工蚁体长12 mm；中小型工蚁体长10mm；头大，近三角形，上颚粗壮；前、中胸背板较平；并胸腹节急剧侧扁；头、并腹胸及结节具有细密网状刻纹，有一定光泽；后腹部刻点更细密；体黑色。

分布于黑龙江、辽宁、吉林、山东、北京、江苏、上海、浙江、福建、湖南、重庆、贵州、广东、广西等地。

山大齿猛蚁

Odontomachus monticola

工蚁体长11 mm左右；体深栗褐色，有金属光泽；触角、足、腹末及螫刺红褐色；头及腹部毛较稀，头、胸背面有精致的条纹，胸部侧扁，前胸背板前方收缩成颈状，表面有部明显的同心环状斑纹。

分布于福建、北京、浙江、台湾、香港、广东、重庆、四川等地。

举腹蚁

Crematogaster sp.

体长4 mm左右；体呈暗褐红色或铁锈色；头部具纵长细条纹，头后面条纹发散；复眼圆形，侧生于头的中部；前胸背板前面隆起，有皱纹，后侧角有2根向后的长刺，稍下弯。腹部光亮，有细小刻点。

分布于华东及西南等地。

蜜蜂科
Apidae

意大利蜜蜂

Apis mellifera

工蜂体长16 mm左右；触角膝状，唇基黑色；全身密布浅黄色毛，足橘黄色，后足为携粉足；后翅中脉不分叉。

著名社会性昆虫，最广泛的饲养种类；分布于全国各地。

熊蜂

Bombus sp.

工蜂体长20 mm左右；雌虫被毛长且密，颜、头顶、胸部间带、腹背板第3节及足腿、胫、基、跗节大部分被黑色毛，胸部及腹背1~2节被金黄色毛，4~6节和基跗节被锈红色毛，足内缘被浅黄色毛。

分布于重庆、贵州等地。

条蜂科
Anthophoridae

盾斑蜂

Croisa sp.

雌蜂体长11 mm左右；体黑色；头、胸、腹部多处被蓝色毛及毛斑，非常明显；翅深褐色，前缘颜色较深。

分布于福建、河北、江苏、浙江、台湾、广东、广西、重庆、四川、云南等地。